INVENTAIRE
V 16,720

COURS THÉORIQUE ET PRA

DE

COMPTABILITÉ FINANCIÈRE

A L'USAGE DES

MAISONS DE BANQUE, CHANGE,

ACHATS ET VENTES D'OR ET D'ARGENT

PAR

Valentin POITRAT

Auteur des méthodes de Tenue de Livres
du Haut Commerce,
de l'Agriculture et du Commerce de détail,
Méthodes autorisées par l'Université, et honorées de
quatre médailles en France et à l'étranger;
Inventeur du Calculateur mécanique, calculant à la fois les jours et les intérêts,
professeur à l'Association philotechnique, etc.

Cette Comptabilité de Banque est la première de ce genre; elle n'a rien emprunté à ce qui existe
sur ce sujet ni pour l'exécution des articles, ni pour les calculs d'intérêts, comptes courants d'intérêts et
bordereaux d'intérêts, etc.; tout y est nouveau, simple et d'exécution facile.

Prix de l'ouvrage, en cinq parties détachées : 10 fr.

PARIS

CHEZ L'AUTEUR ET L'ÉDITEUR

BOULEVARD DE SÉBASTOPOL, 14.

1867

COURS THÉORIQUE ET PRATIQUE

DE

COMPTABILITÉ FINANCIÈRE

3508

C.

16720

Les quatre méthodes de Tenue de livres autodidactique, Comptabilité française, par V. Poitrat : Banque, Haut Commerce, Commerce du détail, et Agriculture, ainsi que les Registres et les Cahiers d'Exercices dépendant de ces méthodes, étant la propriété exclusive de l'auteur, ont été déposés suivant la loi. Nous ferons remarquer qu'il y a eu dépôt spécial au Ministère de l'intérieur et à la Chambre des Prud'hommes de tous les ouvrages, Registres et Exercices avec entêtes imprimés et aussi avec la simple réglure sans entêtes imprimés; par conséquent tout contrefacteur sera poursuivi suivant la rigueur des lois.

Paris.—Imprimerie de E. Donnaud, rue Cassette, 9.

8647

COURS THÉORIQUE ET PRATIQUE

DE

COMPTABILITÉ FINANCIÈRE

A L'USAGE DES

MAISONS DE BANQUE, CHANGE,

ACHATS ET VENTES D'OR ET D'ARGENT

PAR

Valentin POITRAT

Auteur des méthodes de Tenue de Livres
du Haut Commerce,
de l'Agriculture et du Commerce de détail,
Méthodes autorisées par l'Université, et honorées de
quatre médailles en France et à l'étranger;
Inventeur du Calculateur mécanique, calculant à la fois les jours et les intérêts,
professeur à l'Association philotechnique, etc.

———————

Cette Comptabilité de Banque est la première de ce genre; elle n'a rien emprunté à ce qui existe sur ce sujet ni pour l'exécution des articles, ni pour les calculs d'intérêts, comptes courants d'intérêts et bordereaux d'intérêts, etc.; tout y est nouveau, simple et d'exécution facile.

———————

Prix de l'ouvrage, en cinq parties détachées : 10 fr.

———————

PARIS

CHEZ L'AUTEUR ET L'ÉDITEUR

BOULEVARD DE SÉBASTOPOL, 14.

1867

AVANT-PROPOS

Parmi les nombreuses méthodes de comptabilités qui ont vu le jour jusqu'à présent, pas une encore ne s'est adressée spécialement à la banque ; plusieurs d'entre elles, il est vrai, ont consacré quelques articles détachés aux diverses opérations de cette science particulière, tels que change, intérêts et agios ; mais un traité spécial, pratique et complet sur cette matière, n'a jamais existé. Et cependant la comptabilité de la banque n'est-elle pas de toutes la plus importante, tant par les intérêts nombreux qu'elle représente que par l'exactitude des opérations qu'elle exige ? Chaque banquier s'est trouvé par là dans la nécessité de se créer une comptabilité spéciale à ses affaires. Pour y parvenir, il s'est appuyé sur le principe qui lui paraissait le meilleur. De là, divers systèmes ont été créés, mais pas un, faute d'être généralisé, n'a pu être approprié à l'étude. Cet état de choses a produit dans les écoles de commerce où se forment ordinairement les comptables destinés aux maisons de banque, de grandes déceptions. Combien n'a-t-on pas vu d'élèves, au sortir des écoles, se trouver, faute d'avoir étudié une tenue de livres financière, dans l'impossibilité de tenir une comptabilité de banque, même de dresser un compte courant d'intérêt ou d'en vérifier un provenant d'une autre maison !

Quelle est la cause de cet état de choses si regrettable ? On en pourrait citer plusieurs ; mais la principale, sans contredit, c'est la déplorable transformation que l'on a fait subir vers le XVe siècle à la

a

comptabilité générale de cette époque, comptabilité si simple, qu'on l'appelle encore aujourd'hui la *partie simple*. Cette méthode à laquelle il ne manquait qu'un contrôle, a été en effet dénaturée par l'introduction de formules étrangères au commerce et de complications sans profit, qui l'ont tellement enflée et gonflée, qu'elle en est devenue la PARTIE DOUBLE. Pourquoi, je le demande, faire figurer à la vue de tous les regards indiscrets le chiffre du Capital en tête du Journal et sur le Grand-Livre? Pourquoi ces expressions vides de sens et étrangères au commerce de tel à tel, divers à divers, au lieu de ces mots si compréhensibles de Doit et Avoir? Pourquoi ces comptes appelés généraux, portés comme double emploi sur le Journal et sur le Grand-Livre? Pourquoi ces Balances de sortie et d'entrée qui ne sont que fictives et n'entraînent qu'à des retards et à de grandes inexactitudes? Nous pourrions multiplier les pourquoi, car cette comptabilité, avant le XVᵉ siècle déjà si claire et si simple, a été tellement métamorphosée qu'elle en est devenue méconnaissable. Reprenez-la telle qu'elle était alors, ajoutez-y seulement le compte de Pertes et Profits, et elle vous donnera absolument les mêmes Balances que la partie double d'aujourd'hui, moins les excentricités. Il était donc inutile de l'entourer de mystères pour n'arriver qu'à un changement de nom et une complication inutile. Revenons maintenant à la méthode française *autodidactique* et à ses opérations de banque.

Jusqu'à présent il n'a été reconnu que deux comptes courants d'intérêt. Le premier est celui dit à *nombres rouges* avec lequel on peut calculer les intérêts réciproques et irréciproques, mais seulement à partir de chaque échéance jusqu'à la date de sa clôture, ce qui oblige, par conséquent, à attendre que le compte soit arrêté pour en obtenir les intérêts; inconvénient grave! Le second est celui que l'on nomme *Compte courant rétrograde simple*, par lequel on calcule les intérêts réciproques décomptés; mais, pour obtenir ces intérêts réciproques décomptés, il faut partir de la date de la première valeur enregistrée, date que l'on nomme *Époque,* jusqu'à l'échéance de chacune des autres valeurs. On peut de cette manière calculer les intérêts au fur et à mesure que l'on enregistre les opérations, avantage apprécié par tous, puisque cette méthode est la plus généralement en usage. Mais jusqu'à présent il n'a pas été connu de combinaisons au moyen desquelles on puisse établir par ce même Compte rétrograde, à l'aide d'un revirement d'opération, la Balance des intérêts irréciproques. En faire connaître une des plus simples, tel est le but que je me propose en offrant à la Banque ma nouvelle méthode complète de comptabilité financière. Elle renferme aussi des innovations précieuses pour les calculs d'intérêts et comptes courants d'intérêts. Avec elle, il n'y a plus d'injustice dans la Balance de ces comptes irréciproques, plus de faux calculs, plus d'intérêts lésés.

Dans mon système, d'une simplicité extrême et unique jusqu'à ce jour, je puis bien le dire, toutes les combinaisons sont nouvelles, tant pour l'exécution des écritures qui sont réduites de plus de moitié lorsqu'on les compare aux autres systèmes, que pour les calculs d'intérêts et les comptes courants d'intérêts qui font partie de ce traité spécial des finances. Dans ce système se trouvent, comme exemples préparatoires, des *bordereaux d'intérêts* exécutés en blanc, des *traites et billets à recevoir* et ensuite des exemples de traductions de monnaies étrangères, etc.

Ici, comme dans ma tenue de livres à l'usage du commerce de détail, comme dans celle à l'usage du haut commerce et celle aussi à l'usage de l'agriculture, on rencontre les quatre précieuses qualités de discrétion, de sécurité, d'ordre et d'économie. — Définissons ces qualités.

J'appelle *Discrétion* la faculté de tenir sous la dépendance seule du chef de maison ou de ses associés, toutes les opérations qui doivent être secrètes, telles que Capital général, Caisse capitale, Mise sociale, Bénéfices provenant des mises et des intérêts, ainsi que les bénéfices ou pertes provenant des Inventaires, les prêts et emprunts particuliers, achats et ventes d'Actions, de Propriétés, etc., etc.

J'appelle *Sécurité* la facilité de pouvoir chaque soir et en un instant contrôler la Caisse Capitale, la Caisse Générale et la Caisse Spéciale ; en outre d'obtenir chaque jour, chaque semaine, chaque mois, non-seulement le nombre d'Effets restant en portefeuille et leur valeur, mais encore le nombre d'Effets restant dans chaque mois de leur échéance, avantage complétement étranger aux autres systèmes.

J'appelle *Ordre* la faculté de pouvoir faire chaque jour et sans difficulté, les Balances : d'abord du Portefeuille, puis de la Caisse générale et spéciale et de toutes les autres écritures.

J'appelle *Économie*, de pouvoir par ma méthode réduire de plus de moitié l'emploi des registres et le travail des comptables ; cinquante pour cent d'économie chaque année sur le temps employé à la comptabilité et sur les registres ; ceci représente pour la France seulement, et sans exagération aucune, la somme prodigieuse de plusieurs milliards qui pèsent lourdement et inutilement sur le commerce de nos jours.

Ajoutons encore à ces précieux avantages, celui de pouvoir connaître à première vue dans tous les comptes du Grand-Livre Compte courant, la situation permanente des Débiteurs et des Créditeurs, avantage qui permet aux Directeurs de Banque de décider séance tenante, suivant les limites du Crédit des commettants, ce qu'ils peuvent accorder de découvert à chacun.

Ce n'est pas tout encore ; avec ma méthode on peut passer les écritures au Journal conformément aux vœux de la loi, c'est-à-dire jour par jour, quel que soit le nombre des Grands-Livres et leur importance, et en faire en quelques instants la Balance générale. Mais n'allez pas croire que c'est à l'aide de ce registre appelé Journal-Grand-Livre avec son nombreux cortége de colonnes et d'additions sans nombre, où les écritures ne se passent ordinairement, afin d'en abréger le long et ennuyeux travail, que par quinzaine ou par mois, contrairement aux prescriptions de la loi. Non, c'est tout simplement à l'aide d'un petit Journal à deux colonnes, présentant dans l'une les dettes actives et dans l'autre les dettes passives, jour par jour, ainsi que le veut la loi. Ce Journal, quoique étant plus clair, moins sujet à erreurs, et donnant des résultats plus nombreux que celui du système dit partie double, occupe cependant, avec les mêmes opérations et le même détail, six fois moins de place. Voir mon tableau comparatif des différentes méthodes de comptabilité, partie double et partie simple donnant chacune une balance.

Loin de moi la pensée de vouloir élever mon système en rabaissant celui des autres. Je dis ce qu'il est, rien de plus. Il est clair qu'avec lui, et avec lui seul, se trouvent la simplicité, la sécurité, l'ordre et la discrétion, ces précieux avant-coureurs de la fortune et du bien-être; avec lui se trouvent aussi la clarté et l'économie qui est l'abrégé du temps, et, vous le savez, le temps c'est de l'argent.

AVIS A LA BANQUE.

DEUX SYSTÈMES NOUVEAUX POUR LE CALCUL DES INTÉRÊTS.

Il y a, d'après les principes de ma nouvelle Méthode, deux manières différentes de calculer les intérêts : la première au moyen du calculateur mécanique; la 2ᵉ d'après un système de calculs particuliers indiqués dans le cours de l'ouvrage. Je ne parle ici que de la première manière au moyen du calculateur mécanique, qui donne à chaque coup d'aiguille le nombre de jours qu'il y a d'une époque à une autre, puis les intérêts de 100 fr. à 6 p. 100, etc. L'autre moyen est défini dans le *Guide pratique* (page 26).

Nous prenons ici pour exemple les deux premières valeurs du premier Bordereau de la Méthode, page 185. On remarque sur le calculateur trois aiguilles superposées. L'aiguille inférieure, c'est-à-dire la moins longue, est destinée à marquer le point de départ des intérêts de chaque Bordereau ; les deux autres, à trouver les nombres des jours et les intérêts de chaque valeur. Exemple :

Sur le livre de Bordereaux d'entrée de la Méthode, page 111, nous voyons que la première valeur enregistrée le 3 janvier, échéant le 15 mars, est de 250 fr., et la seconde, enregistrée aussi le 3 janvier, échéant le 15 avril, est de 500 fr. Pour trouver l'intérêt de ces deux valeurs que nous prenons ici comme exemple, il faut d'abord placer l'aiguille inférieure qui marque le point de départ des intérêts, c'est-à-dire le jour de l'enregistrement, sur le 3 janvier. Cette aiguille doit rester à cette place jusqu'à ce que le Bordereau ou les Bordereaux de cette même époque soient entièrement calculés. Après que cette aiguille inférieure est placée comme point de départ, on pousse avec le doigt l'aiguille du milieu sur la date de l'enregistrement qui est désignée par l'aiguille inférieure comme point de départ. Après ce, on pousse aussi l'aiguille supérieure sur la date de l'échéance de la valeur; lorsque ces deux dernières aiguilles sont ainsi placées, l'une sur la négociation et l'autre sur l'échéance, on ramène l'aiguille du milieu jusqu'sur la ligne de la flèche qui figure en haut du tableau; cette aiguille du milieu par sa combinaison, entraîne avec elle l'aiguille supérieure qui, en parcourant la même distance, s'arrête juste sur le nombre de jours qu'il y a du 3 janvier au 15 mars, soit ici 74 jours que l'on écrit d'abord sur le Bordereau dans la colonne intitulée nombre de jours, plus l'intérêt de 100 fr. qui se trouve sur la même ligne au bout de l'aiguille soit le nombre 118 ou 1 fr. 18 c., que l'on écrit dans la colonne à droite du nombre de jours, intérêt de 100 fr.

Pour la seconde valeur on opère de même ; à cet effet, on repousse aussi l'aiguille du milieu qui se trouve en ce moment à la flèche, sur la date de l'enregistrement ou négociation qui est précédemment désignée par l'aiguille inférieure, soit le 3 janvier ; ensuite on repousse de même l'aiguille supérieure sur le jour de l'échéance, soit avril le 15, et dès que les deux aiguilles sont ainsi placées, on ramène l'aiguille du milieu sur la colonne où se trouve la flèche et on regarde aussitôt au bout de l'aiguille supérieure et là, on trouve le nombre de jours, soit 102, puis l'intérêt de 100 fr., soit le nombre 170 ou 1 fr. 70 c. que l'on écrit sur le Bordereau comme il vient d'être dit à la première valeur. Lorsque toutes les valeurs sont calculées ainsi, on multiplie chacune des valeurs par l'intérêt de 100 fr. qui se trouve à sa gauche. Ainsi, pour la première valeur comme pour toutes les autres qui suivent, il suffit de multiplier l'intérêt 118 par la somme de 250 fr. et de retrancher du produit 4 chiffres, deux des millièmes et deux des centièmes ou centimes ; pour la seconde on opère de même.

REMARQUE SUR DIVERS ARTICLES DE LA COMPTABILITÉ DE BANQUE ET DE COMMERCE, ETC.

1. Un escompte de billets, c'est-à-dire des Effets que l'on a reçus contre des espèces que l'on a versées moins l'escompte et l'agio. Voir le 9 janvier, f° 1 de la Caisse Générale.

2. Une négociation d'un billet, c'est-à-dire un effet que l'on donne contre des espèces que l'on reçoit, moins l'escompte et l'agio. Voir 18 janvier, f° 2, Caisse Générale, page 103.

3. Marchandise reçue en consignation pour être vendue à commission. Voir Caisse Générale 27 janvier, f° 4 Il en est de même pour celle que l'on expédie en consignation ; les articles de consignation ne sont écrits que comme note sur le livre de Caisse Générale, parce que, au fur et à mesure qu'on en opère les ventes, on crédite l'expéditeur par le débit de l'acheteur ou le débit de la Caisse si elle en reçoit le montant. Voir l'exemple du Compte Mercereau à la Caisse Générale au 30 janvier.

Lorsque toutes les Marchandises en consignation sont vendues, on établit le compte, c'est-à-dire que l'on y fait figurer la Commission, puis on règle l'expéditionnaire pour solde de Compte. Voir Caisse Générale 28 février.

4. Compte de Commission ou de consignation des Bordereaux d'Effets que l'on envoie à ses correspondants pour en faire faire les recouvrements. Ces articles sont absolument les mêmes que ceux indiqués ci-dessus pour les Marchandises en consignation. Je n'ai pas cru nécessaire d'en indiquer la pratique ; le compte de Mercereau en présente les éléments. Lorsque

les billets d'un Bordereau en consignation sont reçus, c'est-à-dire encaissés, on en crédite de suite le Banquier par le Débit de la Caisse, attendu que ces sortes de billets n'entrent nullement en Portefeuille, pas plus que les Marchandises en consignation n'entrent dans le magasin. Lorsqu'on arrête le compte, que l'on renvoie les espèces à son correspondant, on le débite du montant des valeurs reçues, puis on crédite la Caisse de ce qu'elle verse et en même temps le compte de bénéfice de la Commission, formant le complément des valeurs comme balance et solde.

5. Lorsque l'on remet des Effets à un huissier pour en faire les protêts, on n'en débite jamais l'huissier, seulement on a pour y inscrire ces Effets, un petit livre sur lequel signe l'huissier; et lorsque celui-ci remet des fonds contre les billets qu'il est chargé de recouvrer, on lui donne reçu de ce qu'il remet.

6. De l'intérêt provenant du Grand-Livre Compte courant : Tous les trimestres lorsqu'on arrête des Comptes courants on relève les intérêts et agios de chacun sur un petit registre pour n'en passer qu'un seul article sur la Caisse Générale, par le Débit de Divers si les intérêts sont des bénéfices; ou par le Crédit des Divers, si les intérêts sont des Pertes. Pour le complément de la Balance du Débit de Divers, on écrit la même somme au compte de bénéfice, et pour le complément de la Balance du Crédit des Divers, on l'écrit au Compte de Perte, tel qu'on le voit ici, après un cours de deux mois où se fait un inventaire général. Voir page 109.

7. L'échéance est un Effet que l'on souscrit ou que l'on accepte pour en payer le montant à une échéance quelconque. L'échéance est considérée ici comme étant un créancier à qui on doit; on crédite l'échéance quand on la souscrit ou bien quand on en accepte le payement, par le Débit de celui à qui on la souscrit ou par le Débit de celui qui avise.

8. La lettre D indique le Débiteur et la lettre A, le Créditeur; le trait — indique les Marchandises entrées à terme et les deux traits, — l'un avant et l'autre après le libellé, la Marchandise au comptant; le trait double = indique la Marchandise qui nous a été retournée, la lettre O indique la Marchandise sortie à terme, et les deux lettres O, l'une avant et l'autre après le libellé, la Marchandise au comptant, le double OO indique la Marchandise que nous avons retournée, les lettres E sur le journal, indiquent les Bordereaux des Effets entrés moins l'escompte ; et les lettres S, ceux sortis également, moins l'escompte. Pour l'exécution pratique de cette Méthode, j'ai divisé le volume en 5 parties séparées, afin de pouvoir s'en servir, comme on le fait des registres, dans la pratique des écritures.

9. OBSERVATION : On remarquera sur les Bordereaux d'intérêts, et Comptes courants d'intérêts, quelques petites différences faites avec intention dans le produit des centimes, soit en plus soit en moins. Ordinairement, lorsqu'il y a trois ou quatre centimes, on en compte cinq, et lorsqu'il y en a un ou deux on les néglige, etc.

Lorsque dans ce cours on rencontrera ces petites différences, on peut, dans le premier cours, les prendre telles quelles, et dans un second, lorsqu'on est familier, ne pas les négliger, pour se rendre compte de ce qu'elles peuvent produire.

Ces différences, en plus ou en moins, sont acceptées commercialement. Dans les sommes que l'on calcule pour les intérêts, on néglige toujours les centimes qui ne représentent qu'une minime valeur.

(*Voir à la fin de la quatrième partie*, la 3e manière de calculer les intérêts, page 168). Cette dernière est aussi d'une grande facilité et simplicité.

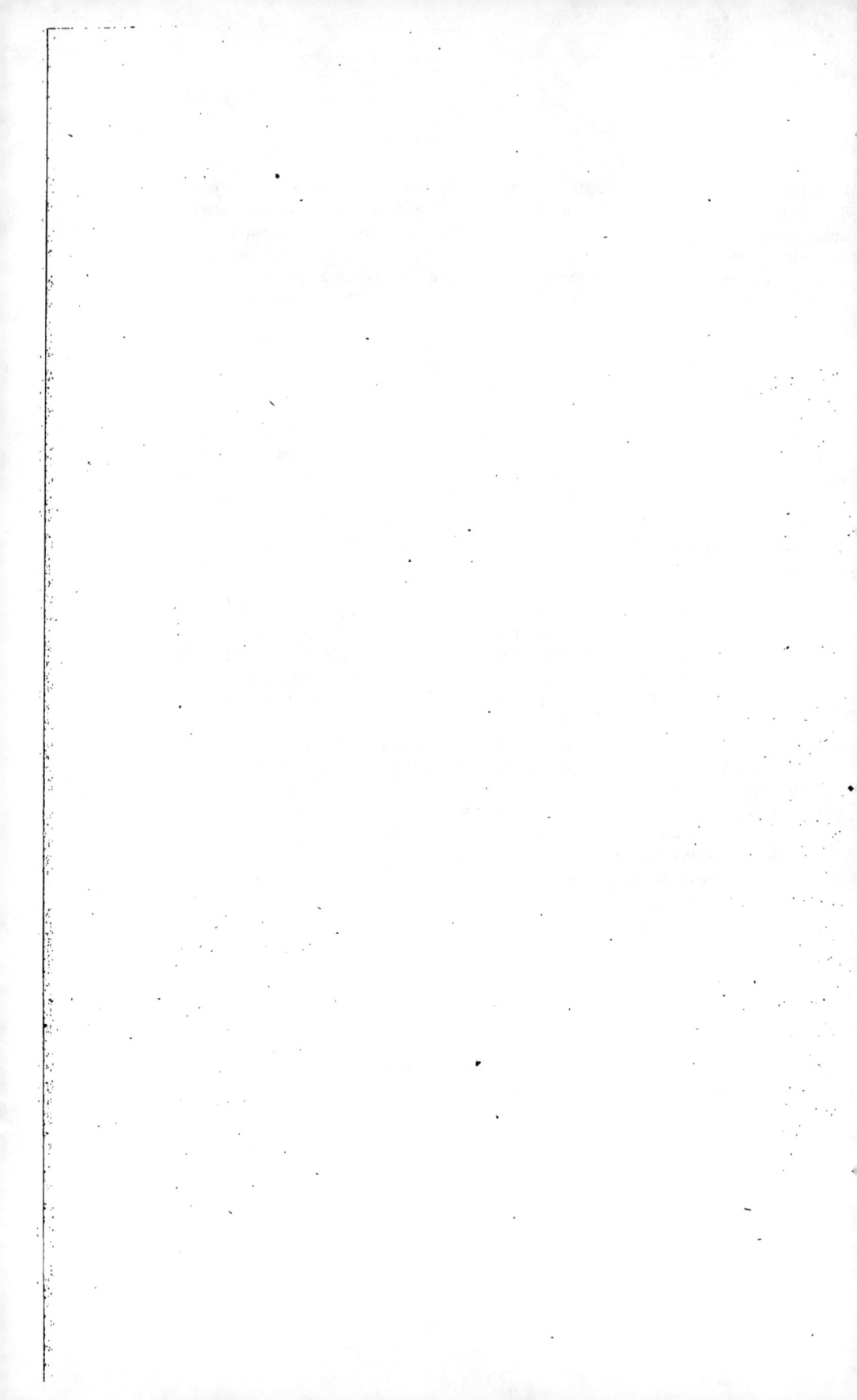

COURS THÉORIQUE ET PRATIQUE

DE

COMPTABILITÉ FINANCIERE

EXPOSÉ PRÉPARATOIRE.

Dans la comptabilité en matière de Banque, il faut, comme dans celle du commerce et de l'industrie, faire au début un Inventaire général, présentant l'Actif et le Passif de l'entreprise qui est en cours d'éxécution, ainsi que le Capital net (art. 8 et 10 du Code de commerce).

Pour dresser un premier Inventaire en société, qui est la base de toutes les opérations Actives et Passives, c'est-à-dire de ce que l'on possède et de ce l'on doit, il faut écrire en tête du livre à ce destiné, en caractères saillants, d'abord le titre INVENTAIRE GÉNÉRAL, puis au-dessous, en plus petit texte, l'année, le mois et sa date, ainsi que les mots : de tout ce qui compose l'ACTIF et le PASSIF des sieurs... soient ici : FROMENTEL et DUROZIER, Banquiers, demeurant à Paris, etc.

Le titre général de l'INVENTAIRE désigné ci-dessus ne paraît qu'au premier Inventaire qui débute, c'est-à-dire à l'Inventaire d'ouverture ; à ceux qui suivent, il suffit de dire : Inventaire général, etc., etc. (Voir la Méthode, pag. 76).

Au-dessous du titre Général et au milieu du texte, on écrit le mot ACTIF, qui désigne ce que l'on possède, puis, précédées de leur texte, toutes les sommes qui constituent l'ACTIF.

Dans les Inventaires en société on doit toujours Débiter à l'ACTIF, comme représentant la valeur du CAPITAL, les sommes versées et celles à verser, en ayant soin de Débiter les associés de ce qu'il leur reste à verser du complément de leur mise sociale ; mais au Passif on les crédite toujours du total des mises versées ou non versées. A la fin de chaque année, avant de clore les écritures, on crédite chaque associé sur le livre d'inventaire, de l'intérêt de sa mise, puis de l'intérêt des bénéfices provenant de chaque Inventaire qui précède.

Observation. — Un Capital social doit être inamovible, c'est-à-dire au complet pendant toute la durée de l'association ; si le Capital est en Perte, les associés doivent le recompléter immédiatement soit en valeur, soit en promesse, et si au contraire il gagne, on y laisse ordinairement cumuler les Bénéfices ou du moins une partie, pour que l'autre puisse faire face aux éventualités qui pourraient survenir dans le cours des opérations ; ce Bénéfice doit porter intérêt aux Inventaires subséquents.

Au-dessous des écritures constituant l'Actif, on écrit au milieu du texte en lettres saillantes, le mot Passif, et à la suite, précédées de leur texte, les sommes qui constituent le Passif. Au second Inventaire, si les mises sociales ont été complétées, on ne débite plus les associés à l'Actif, mais on les porte toujours comme Créanciers au Passif. Quant aux intérêts des mises sociales, ils doivent être portés sur le livre d'Inventaire, aux comptes permanents de chaque sociétaire ; par contre on débite les Pertes, et cela avant de clore les écritures de l'année. Mais si les intérêts avaient été réglés à chaque fin de mois dans le cours des écritures, dans ce cas, il n'en serait plus question comme intérêt, à la fin de l'année.

Après que l'Inventaire est dressé, que l'on a additionné les sommes de l'Actif ainsi que celles du Passif, on soustrait le total Passif, de celui Actif, et la différence donne le Bénéfice net que l'on fait précéder des mots : Passif déduit de l'Actif, Bénéfice net, etc. Il n'y a qu'au premier Inventaire que le total Actif doit être égal à celui du Passif ; à moins que dans les suivants, il ne s'y trouve ni perte ni bénéfice.

Il faut remarquer que dans l'Inventaire de la Méthode française du haut commerce, comme du commerce de détail et de l'agriculture, l'Inventaire est différent de celui de la Banque. La raison en est, qu'on a supposé ici une banque constituée en société, ce qui n'a pas été supposé dans les méthodes destinées au haut commerce, au commerce de détail et à l'agriculture. Au lieu donc d'obtenir le Bénéfice net entre l'Actif et le Passif, comme dans l'Inventaire en société, on n'y obtient que le Capital net ; et la différence qui existe entre le Capital net de l'année précédente, et celui de l'année présente, indique le Profit ou la Perte nette.

Au second Inventaire qui a lieu en société ; il faut pour la bonne règle, dans le cas où il y aurait des intéressés, prendre le Bénéfice trouvé à l'Inventaire précédent, l'ajouter, comme Bénéfice du Capital, au Passif de l'Inventaire présent, en le plaçant en dedans du texte à la dernière ligne du Passif, puis écrire au-dessous, les Intérêts de l'année à 5 pour 100, les additionner avec le bénéfice trouvé et en porter le total à la colonne du Passif; après ce, tirer une ligne sous les dernières sommes posées et additionner toutes les sommes du Passif, ensuite soustraire le montant du Passif de celui Actif, et la différence trouvée donne le Bénéfice ou la Perte nette; s'il y a des primes à donner aux intéressés, il faut les prendre sur les Bénéfices nets pour être reportées aux comptes de chaque intéressé; à cet effet, il est nécessaire de faire deux Inventaires, l'un en liquidation et l'autre pour recommencer les écritures à nouveau comme il a été dit et fait au premier Inventaire qui a débuté; mais s'il n'y a que des associés et qu'il soit convenu que les bénéfices cumuleront, alors le même Inventaire se continue sans qu'il en soit fait un autre; seulement on établit à la suite de l'Inventaire les comptes des associés, suivant les conditions de l'acte d'association, pour les Bénéfices ou Pertes qui ont eu lieu.

Si dans le cours des opérations journalières les associés remettent des fonds dans la société, soit à titre de prêt, soit pour compléter leur mise sociale, on les crédite seulement sur le livre des Inventaires à la suite des opérations ACTIVES et PASSIVES, pour de là être reportés aux comptes particuliers du petit-Grand-Livre personnel, c'est-à-dire au crédit de ceux qui versent par le débit de la Caisse Capitale qui reçoit. Celle-ci versant aussi à la Caisse Générale, on débite sur le livre des INVENTAIRES, le compte de Caisse Générale, par celui de Caisse Capitale, qui se trouve ouvert à l'Inventaire. Quant aux sommes qui sont versées à la Caisse Générale, le Directeur a qui on les a remises, en donne un reçu au Gérant du Capital, puis il fait enregistrer cette somme au Caissier Comptable sur la Caisse Générale, par le Crédit de Caisse Capitale, ensuite le Directeur remet aussi ce qu'il reçoit du Gérant du Capital, au Caissier spécial et également contre un reçu que ce dernier lui donne. Les titres sont toujours nécessaires, quelle que soit la confiance.

Dans la comptabilité en société, chaque associé à trois comptes, dont deux sont ouverts sur le Petit-Grand-Livre personnel; le premier est ouvert à l'Inventaire, il désigne au 1er Inventaire la situation des mises et au second la situation des Bénéfices ou Pertes; le second se nomme compte de levée, il désigne les sommes prêtées, empruntées ou redues, ainsi que les intérêts des mises sociales et autres, etc. Le 3e se nomme compte de prélèvement, il est spécial pour l'enregistrement des appointements dus aux associés, ce qu'ils prélèvent ou doivent prélever chaque mois. Ces comptes ne portent pas intérêts et doivent se balancer à chaque Inventaire par le compte de Perte, sur le livre des Inventaires.

Au point de vue des intérêts sociaux, le Capital d'une société est comparé à un spéculateur qui emprunte des capitaux pour faire le commerce. Les Bailleurs de fonds qui sont associés à cette entreprise en cours d'exécution, ne sont considérés ici que comme prêteurs de fonds et employés du Capital qui est leur représentant. Relativement aux Bénéfices que l'on pourrait réaliser à chaque Inventaire, s'il est dit dans l'acte de société qu'une partie des bénéfices restera au Capital, pour faire face aux éventualités qui pourraient survenir dans le cours des opérations, dans ce cas on ne créditerait les associés sur le livre des Inventaires que de la part qui leur serait allouée suivant les conditions de l'acte d'association, c'est à cet effet qu'un second Inventaire doit avoir lieu pour rétablir les bases de l'Inventaire et en reconnaître les écritures.

D'après les principes de la Méthode française autodidactique, soit de la Banque, soit du haut commerce, soit du commerce de détail, soit enfin de l'agriculture, on doit toujours, pour connaître le produit d'un Inventaire, balancer à la fin de l'année, d'abord sur la Caisse Capitale, puis ensuite sur le livre des Inventaires, comme opérations secrètes, tous les comptes de prélèvements de chacun des associés, par le compte de Pertes particulières ; et ensuite sur les mêmes livres, les intérêts de leurs mises sociales, puis enfin sur le livre de Caisse générale de la Banque, les intérêts des comptes courants par le mot Divers ; tous les comptes d'intérêts étant arrêtés sur le Grand-Livre Comptes Courants, on a soin, en indiquant les sommes dans les colonnes des Totaux divers de la Caisse générale, de les faire précéder de l'une des deux lettres D ou A, qui signifient Doit ou Avoir, puis au dessous, et toujours dans la même colonne, on indique le compte de Perte en faisant précéder les sommes qui lui sont relatives, de la lettre P ; et pour celles des bénéfices, de la lettre B, etc.

Chaque soir on établit sur la Caisse générale, la situation réelle des espèces et des Effets à recevoir provenant de la Caisse et des Bordereaux ; les Pertes et Bénéfices de chaque jour provenant de la Caisse et des Bordereaux, s'inscrivent au bas du compte de Caisse, précédés de P. pour perte, et de B. pour bénéfices. Après avoir rapporté sur le livre de Caisse générale, les Effets entrés et sortis des livres des bordereaux réunis à ceux de la Caisse générale, ainsi que les Pertes et Bénéfices d'intérêts et agios réunis à ceux de la Caisse générale, on procède à la balance des effets, attendu que celle de la Caisse a été faite comme contrôle en terminant la journée.

OBSERVATION. — A chaque page de la Caisse Générale, il sera mis à droite des sommes des Effets entrés, des nᵒˢ indiquant l'ordre du nombre de chaque page, et à gauche de ceux sortis, les nᵒˢ d'ordre aussi de chaque page, pour connaître le nombre entré et sorti à la Caisse.

Dès que tous les comptes d'intérêt du Grand-Livre-Comptes Courants sont balancés à la fin de l'année et rapportés par Débit et Crédit, d'après le livre de liquidation sur le livre de Caisse Générale, on arrête les écritures de ce dernier livre, puis on fait la Balance de la Caisse, qui est ici le contrôle de la Caisse spéciale et du Portefeuille.

Pour l'exécution de la balance de Caisse Générale et son arrêté, on tire deux lignes en travers du texte et de ses colonnes ; l'une au-dessous des dernières sommes posées, et l'autre plus bas, en laissant libre l'intervalle d'une ligne seulement sur laquelle on additionne les sommes des colonnes de la Caisse ; après ce, on ajoute sur un brouillon, au Débit des espèces entrées la somme restant en Caisse la veille, et on soustrait ensuite le total des sorties qui se trouve à la colonne Avoir de Caisse, du total des entrées qui se trouve au Débit, et la différence qui en résulte, donne le total net restant en Caisse, total que l'on porte entre les deux lignes, dans le texte de la Caisse Générale. Enfin, l'on fait encore dans un autre moment, après y avoir rapporté les Effets, Pertes et Bénéfices, des livres auxiliaires, la balance des Effets entrés et sortis, puis la différence qui en résulte, doit être la même que celle trouvée sur le livre de copies d'effets d'entrées, que l'on inscrit aussi entre les deux lignes sur la Caisse Générale, en faisant précéder le mot effet, du nombre trouvé.

Toutes les écritures de fin d'année étant arrêtées sur tous les livres auxiliaires et généraux, et la Balance Générale étant faite, on procède à l'INVENTAIRE Général. Ici, j'ai présenté deux mois d'opérations comme s'il y en avait six ou une année. Avant de dresser l'Inventaire Général, on doit faire la Balance des écritures, que l'on décompose en une seule ligne sur le Résumé des Balances Mensuelles et Générales, afin que toutes les opérations intérieures et extérieures, c'est-à-dire secrètes et non secrètes, se trouvent liées ensemble et que l'on n'ait qu'une seule situation à opérer dans la récapitulation générale.

Pour établir l'Inventaire, on écrit d'abord à l'ACTIF de ce livre : 1° le total dû par les *Divers Débiteurs* ; 2° celui des Marchandises Générales, s'il y en a ; 3° des Effets à recevoir en portefeuille, s'il y en a ; 4° des Espèces en Caisse ; 5° du Mobilier Industriel ; 6° du Loyer payé d'avance, *si la maison est en location*. Après avoir écrit toutes les sommes constituant l'ACTIF, on les additionne sous une ligne que l'on tire en travers de la colonne ACTIF, et on indique le total par ces mots : TOTAL ACTIF, que l'on écrit en dedans du texte. Au dessous, on pose toutes les sommes constituant le PASSIF, c'est-à-dire ce que l'on doit, en les faisant précéder chacune de son libellé ; il faut aussi porter au PASSIF les intérêts des mises sociales. Toutes ces sommes étant inscrites, on en fait l'addition, et comme plus haut, on en indique le total par ces mots inscrits dans le texte : TOTAL PASSIF. Après ce, on soustrait le total PASSIF du total ACTIF, et la différence qui en résulte représente le Bénéfice net de l'entreprise, que l'on indique par les mots : BÉNÉFICE NET. Enfin, sous ce Bénéfice net, on rapporte le Bénéfice net de l'Inventaire précédent, et on le soustrait pour avoir le Bénéfice réel de l'année présente, car ici les Bénéfices se divisent et se cumulent à chaque Inventaire avec les intérêts des mises sociales.

Si le total PASSIF se trouvait plus fort que celui de l'ACTIF, la différence serait une Perte. Comme il a déjà été dit, pour avoir le Bénéfice net du Capital, on

2

déduit les primes dues aux intéressés, et le net restant appartient au Capital social.

Ainsi, en n'inscrivant uniquement qu'au livre des Inventaires, comme il est dit par cette Méthode, les mises sociales, les intérêts des mises, le chiffre de la Caisse Capitale, ainsi que les Bénéfices des Inventaires et les opérations particulières, il est évident que, par ce moyen, personne ne peut connaître, excepté les associés ou intéressés, la situation de la maison ; par conséquent, personne ne peut envier sa position, quelle qu'elle soit.

La discrétion d'ailleurs est la base première de la sécurité, disons plus, de la moralité. Combien, en effet, n'a-t-on pas vu de maisons être victimes de l'indiscrétion, soit par la concurrence, soit par l'exigence du personnel, qui souvent après un bel Inventaire convoite une augmentation de salaire. On ne voit que le gain, mais on ne calcule pas que ce Bénéfice d'Inventaire peut dans un autre temps se transformer en Perte. Le commerce est un jeu qui a ses hauts et ses bas, c'est-à-dire ses chances de Bénéfices, comme ses chances de Perte. Lorsqu'il y a Perte, on se contente de dire : c'est malheureux, mais personne ne s'offre à combler le déficit. Si une bonne année ne rachetait pas une mauvaise qui l'a précédée, il en résulterait de fréquentes déconfitures. Pourquoi donc envier des Bénéfices qui sont sujets à se transformer chaque jour en Perte? C'est pour obvier à cet inconvénient que je me suis efforcé dans ma Méthode d'entourer les opérations principales de toute la discrétion possible. D'ailleurs, le proverbe le dit : quand on ne voit rien, on n'est jaloux de rien. La discrétion est donc la mère de toutes les sûretés.

Pour atteindre complétement le but de la discrétion dans le travail des écritures financières et commerciales, j'ai composé ici, par la combinaison du livre des Inventaires, un compte nommé Caisse-capital, qui est tenu par le chef de la maison ou par l'un des associés, sur le livre des Inventaires. Ce compte est destiné à recevoir : 1° le montant des espèces figurant à l'Inventaire ; 2° celles empruntées ou prêtées ; 3° les sommes payées ou reçues pour des intérêts en dehors de la Banque ; 4° les sommes versées à la Caisse Générale pour être remises à la Caisse Spéciale ; 5° les remboursements des sommes prêtées ou empruntées particulièrement ; 6° les sommes retirées du commerce soit pour l'achat de Propriétés, d'Actions, de Rentes, etc., de même que pour ventes de Propriétés, d'Actions, de Rentes, etc., ainsi que les prélèvements des associés.

DÉSIGNATION DU PERSONNEL DE BANQUE ET L'EMPLOI DE CHACUN.

Ce personnel est ainsi composé :

1° Le chef de l'Administration Générale ou l'un des associés chargé du Capital Général, des Inventaires Généraux, de la Balance générale, de la Caisse-Capital, ainsi que de toutes les opérations qui doivent être secrètes. Ce chef est nommé Gérant du capital.

2° Un Directeur ou Administrateur, ayant pouvoir de représenter les divers associés pour toutes les affaires qui se traitent journellement dans l'établissement de la Banque.

3° Un Sous-Directeur ou chef de bureau, à qui toutes les opérations premières sont soumises, telles que bordereaux d'entrée et de sortie, effets à l'escompte, demande d'espèce; encaissement d'effets, etc. Ce Sous-Directeur signe les bons de Caisse pour faire toucher ou verser à la Caisse Spéciale, il vérifie les Effets que l'on reçoit des commettants pour s'assurer s'il n'en est pas qui aient quelque vice de forme. Il doit aussi mettre lui-même ou faire mettre par le Caissier comptable, sur les bordereaux provenant des commettants, suivant le tarif de la Banque, à chaque billet déplacé, le taux des agios qui est ensuite calculé avec les intérêts des effets.

4° Un Caissier Comptable, nommé chef de comptabilité, qui tient le livre de Caisse Générale, où toutes les affaires se groupent. Ce Caissier Comptable doit être placé à proximité du Sous-Directeur ou chef de bureau, afin de pouvoir écrire, soit sous sa dictée, soit d'après des notes qu'on lui remet, soit enfin d'après les livres-brouillons ou livres à souches, etc., tenus par le Sous-Directeur comme opération première.

5° Un Caissier Spécial, qui tient le roulement de toutes les Espèces reçues et versées dans le cours du jour.

6° Un ou plusieurs Comptables pour la tenue des Grands-Livres-Compte-Courants. Ces Comptables doivent aussi être à proximité du chef de bureau, ou bien se communiquer par un porte-voix, afin d'obtenir des renseignements instantanés sur la situation des comptes des commettants, avec lesquels on se trouve en instance d'affaires; car, en banque, il est essentiellement nécessaire de connaître immédiatement la situation d'un commettant, afin de voir de suite quelle est l'importance du crédit que l'on peut lui faire sans blesser sa susceptibilité par des réponses équivoques, comme, par exemple : nous examinerons votre compte, etc. N'est-il pas plus rationnel de répondre de suite oui ou non que d'ajourner la question.

OBSERVATION. — Coutrairement aux autres Méthodes anciennes Partie Double, ou Partie Simple qui exigent trois Grands-Livres, tels que les Grands-Livres, Débit et Crédit, les Grands-Livres-Comptes-Courants, et les Grands-Livres des situations, la Méthode française autodidactique n'en exige qu'un seul, le Grand-Livre-Compte-Courant qui tient lieu des trois précédents, et sur lequel on inscrit en effet, au fur et à mesure, les valeurs, les nombres de jour, les intérêts et les situations des Comptes. Voir les dernières colonnes de chaque Compte-Courant, car là est l'importance de la comptabilité des banquiers.

7° Un ou plusieurs aides-Comptables. L'un d'eux calcule sur les Borderaux que l'on reçoit, les jours, les intérêts et les agios. Un autre porte les totaux des bordereaux sur le livre de bordereaux d'entrée, mais sans détail, attendu que les billets que l'on reçoit se trouvent détaillés sur le livre de bordereaux et sur les copies d'effets ; il n'est donc pas nécessaire de les détailler sur le livre de bordereaux : il n'y a que les billets que l'on remet à ses correspondants qui doivent être détaillés sur le livre de sortie qui représente en quelque sorte un livre de ventes du commerçant où se détaillent toutes les marchandises. Sur ce livre de bordereaux de sortie où se trouvent détaillés tous les effets que l'on remet aux correspondants, on y calcule les intérêts et les agios, afin d'en vérifier les totaux avec ceux du bordereau qui en est la copie calculée par un autre employé, et enfin un troisième détaille les effets que l'on reçoit sur un livre nommé Copie d'effets d'entrée, de même que les effets que l'on remet à ses correspondants, que l'on écrit sur le copie d'effets de sortie, mais sans détail. (Ici les effets ont été détaillés sur le livre de bordereaux d'entrée).

De cette manière le nombre des employés dans les maisons de banque comme dans le commerce, est subordonné à l'importance des affaires que l'on traite ; on peut, par la marche progressive du mécanisme de la méthode française, diminuer ou augmenter à volonté le nombre du personnel sans la moindre difficulté, ni la moindre interruption dans les écritures. Le travail, ici, est facile à partager, ce qui permet, en cas de retard, d'y introduire à volonté les comptables ou aides-comptables nécessaires, et de donner à chacun la tâche qu'il doit remplir. De même, si les écritures se ralentissent ou se réduisent, on peut également diminuer dans les mêmes proportions le nombre du personnel ; on peut, s'il en est besoin, avoir plusieurs livres de bordereaux d'entrées, de même que de sorties, on peut avoir aussi plusieurs Grands-Livres de la même localité soit pour deux Grands-Livres, de A à K, et de K à Z ; soit pour trois de A à G, de G à P, puis de P à Z, etc.

DISPOSITION DE LIVRES AUXILIAIRES

RELATIFS A LA BANQUE, CHANGE, ACHATS ET VENTES D'OR ET D'ARGENT.

ART. 1er. — Dans les maisons de Banque, de même que dans le haut commerce, où les opérations sont nombreuses, il est utile d'avoir des livres auxiliaires en double, c'est-à-dire pairs et impairs, afin de pouvoir passer jour par jour, sans interruption ni lacune, les écritures aux Grands-Livres et au Journal et en faire les balances ; ainsi qu'il vient d'être dit, on peut avoir plusieurs livres pairs suivant les besoins de la maison.

ART. 2. — Lorsqu'un client remet à la banque des Effets accompagnés d'un Bordereau, qui est ici au banquier ce qu'est une facture au commerçant, le chef de bureau et le Caissier comptable doivent, en recevant le Bordereau et les Effets qui l'accompagnent, vérifier d'abord les Effets pour s'assurer s'il n'en est pas de vicieux ; ils les collationnent ensemble avec le Bordereau, sur lequel ils écrivent en même temps, dans la colonne disposée à cet effet, le taux des agios, change, etc. ; après ce, ils remettent le Bordereau à la personne qui est chargée d'en calculer le nombre de jours, les intérêts et les commissions de banque nommés agios suivant les taux que l'on y a indiqués d'après le tarif de la banque. Le Caissier Comptable remet ensuite, après être vérifiés, les Effets de ce Bordereau à celui qui est chargé du copie des effets ; il inscrit sur ce livre, un à un, tous les effets avec leur détail en donnant à chacun le fo de la page du livre où ils sont enregistrés ainsi que le no d'ordre de chaque page de leur enregistrement, dans le but de les retrouver lorsqu'il en est besoin. Aussitôt qu'ils sont inscrits, ce dernier qui les inscrit remet les effets au Chef de bureau qui les classe aussitôt dans le porte feuille à 12 compartiments représentant les 12 mois de l'année. Ensuite, celui qui a été chargé de calculer les intérêts et agios du Bordereau reçu, remet ce Bordereau, après en avoir fait les calculs, à celui qui est chargé d'en reproduire les écritures sur le livre spécial des Bordereaux, et d'en calculer en même temps et en second lieu, les jours, les intérêts et agios, puis d'en comparer les résultats avec ceux des Bordereaux qui ont été calculés en les recevant du commettant. Après avoir reconnu la justesse des écritures, cet employé établit le compte du livre de Bordereaux et remet le Bordereau qui lui a servi de copie, au Caissier Comptable, qui le renvoie ou qui en renvoie le double, au commettant avec les intérêts et agios déduits, c'est-à-dire la somme nette qui lui est due.

La journée étant terminée, l'employé qui est chargé de copier les Bordereaux, arrête les écritures de toutes les opérations, telles que : valeurs brutes, valeurs nettes, intérêts et agios, et remet au Caissier Comptable le montant brut des valeurs, ainsi que le montant des intérêts et agios, pour qu'il les porte sur son livre de Caisse : d'abord à la colonne totaux divers, les valeurs des effets, entrées et sorties précédés du nombre d'effets et des lettres : E, pour entrée et S, pour sortie, et au compte de Caisse, sous une sous-ligne, les Pertes et les Béné-fices. Après avoir établi la situation de la Caisse, on établit aussi celle des Effets, en ajoutant aux effets entrés des Bordereaux, ceux entrés de la Caisse Générale, et en soustrayant du total d'entrée, celui des Effets sortis provenant des Bordereaux et de la Caisse générale; on ajoute de même les Pertes de la Caisse à celles provenant des Bordereaux, ainsi que les profits de la Caisse, aux profits provenant des Bordereaux, que l'on désigne au compte de la Caisse Gé-nérale, par P, pour Pertes, et par B, pour bénéfices.

OBSERVATION. — En banque il est utile, pour la plus parfaite exactitude, de faire calculer les intérêts des Bordereaux par deux personnes différentes, afin d'avoir l'une par l'autre, un contrôle sur des opérations. C'est pour cette raison que nous faisons calculer les intérêts et agios, d'abord sur les Bordereaux des commettants avant de les enregistrer, puis ensuite sur le livre de Bordereaux au fur et à mesure qu'on les enregistre.

ART. 3. — Lorsque des Espèces sont demandées par un client qui a un compte ouvert à la maison, le Chef de bureau s'adresse aussitôt aux Teneurs de Livres qui sont chargés spécialement de la tenue des Grands-Livres-compte-courants, où les situations sont permanentes, pour leur demander quel est l'état du compte de M. tel ou tel, et dès que le Chef de bureau est renseigné à ce sujet, qu'il connaît la valeur du crédit qu'il peut accorder, il signe un bon de Caisse qu'il donne au commettant pour aller recevoir à la Caisse Spéciale; en même temps le Caissier Comptable débite le client, de la valeur qu'on lui fait remettre par le Caissier Spécial, sur sa Caisse Générale, ou sur un brouillon.

REMARQUE. — Ainsi en banque, pour les opérations journalières, c'est-à-dire le roulement général des espèces, on a deux Livres de Caisse, celui de la Caisse Générale, comme opérations premières, et l'autre de Caisse Spéciale, pour le mouvement de toutes les espèces. Je ne donne pas ici d'exemple de la Caisse Spéciale, attendu que les opérations de ce cours sont trop minimes et que la Caisse Générale est suffisante pour les écritures; mais dans la pratique les deux Caisses doivent être en évidence. La Caisse Spéciale est excessivement simple; elle se tient par doit et avoir, sur la même page, c'est-à-dire, entrées et sorties, tel que la Caisse Générale. Dans la Caisse générale, les opérations se grou-pent et à la Caisse Spéciale elles y sont détaillées.

Dans ce cours s'il n'a pas été donné non plus d'exemple de livres d'entrées et de sorties, des achats et ventes d'or et d'argent, c'est parce que ces sortes de registres d'entrées et de sorties sont les mêmes que dans le commerce, et que chacun peut les tenir suivant ses besoins. Ici, le livre de Caisse Générale, par sa disposition, remplace parfaitement ces deux régistres d'Achat et de Ventes, qui ne seraient nécessaires en quelques sortes que pour les opérations d'une grande maison de change, où il y aurait des Achats et des Ventes continuelles d'or et d'argent, afin de pouvoir porter collectivement, les Achats et les Ventes sur le livre de Balances Partielles, ce qui débarrasserait la Caisse Générale d'une tâche qui n'est pas ordinairement la sienne.

Lorsque toutes les opérations de la journée sont terminées, le Caissier Comptable arrête sa Caisse Générale, et il fait la Balance ; d'abord de la Caisse Générale qui doit présenter le même total que celui de la Caisse Spéciale ; et la personne qui est chargée des livres de Bordereaux d'entrée et de sortie, arrête aussi de la journée les écritures de ces livres, c'est-à-dire les situations brutes et nettes ainsi que le total des intérêts et agios, puis il remet les totaux au Caissier Comptable, ainsi qu'il a été dit plus haut, tels que : les Effets entrés et sortis ainsi que les Pertes et Bénéfices, etc. Enfin, celui qui est chargé des copies d'effets d'entrée et de sortie, fait les additions de ces Effets qui doivent présenter les mêmes totaux entrés, sortis et restant, que ceux indiqués par les Balances de la Caisse Générale. Après ce, on passe les écritures de la journée sur les Grands-Livres-comptes-courants, puis au Livre de répétition, et de celui-ci, sur le Journal, après quoi on fait la Balance Journalière, dont les totaux sont pris d'abord sur le Journal général qui est le Livre de la loi, et ensuite comme contrôle des écritures, sur tous les Livres Auxiliaires.

ART. 4. — Ce n'est que le lendemain des opérations, que les écritures se passent sur les Grands-Livres-comptes-courants. On prend pour cela, les Livres Auxiliaires de la veille, que l'on nomme *impairs*, et on les remplace pour la journée courante par ceux nommés *pairs*, que l'on reprend pour la continuation des écritures.

DE LA CONVERSION DE VALEURS ÉTRANGÈRES
EN VALEURS FRANÇAISES.

Il se trouve dans cet exemple deux valeurs anglaises, l'une de 75 livres sterling ou souverains, et l'autre de 42 livres sterling et 15 schellings.

Dans un autre Bordereau du 31 janvier, la Banque a reçu une valeur étrangère de Corbin père et fils de 355 florins 54 kreutzers, et au 5 février dans un autre Bordereau de Corbin père et fils, une seconde valeur de 375 florins et 35 kreutzers.

Exemple de conversion de ces valeurs.

1re valeur anglaise : L'Angleterre compte par livres sterling ou souverains, puis par schellings, ensuite penny ou pence, qui est la 12e partie du schelling. La livre anglaise vaut 25 fr. ou 20 schellings ; le schelling. 1 fr. 25, ou 12 penny, etc.

Pour traduire la première valeur de 75 livres sterling en monnaies de France, il suffit tout simplement de multiplier 75 livres par 25 fr. ce qui donne 1,875 fr. Quant à la seconde valeur de 42 livres st. 15 schel., on multipliera d'abord 42 par 25 = 1,050, puis les 15 schel. par 1 fr. 25, ce qui donnera 18 fr. 75, soit ensemble 1068 fr. 75 c.

2° valeur d'Allemagne : La première de ces valeurs est de 355 florins 54 kreutzers. Comme le florin vaut ici 60 kreutzers et comme il faut 28 kr. 5 mill. pour un franc, il suffira de multiplier 355 flor. par 60 kr. = 21,300 kr., puis ajouter à ce produit les 54 kr., ce qui donnera en tout 21,354 kreutzers à diviser par 285 millièmes qui représentent la valeur d'un franc. Cette division nous donnera la valeur des 355 flor. 54 kr., soit, en francs, 749 fr. 26 c.

La valeur suivante de 375 fl. 35 kr. se traduit de la même manière : 375 multiplié par 60 kr., égale 22,500 kr. somme à laquelle on ajoute les 35 kr. restants, ensemble 22,535 kreutzers que l'on divise en y ajoutant un zéro par 285 millièmes, et nous obtenons en monnaie de France, un total de 798 fr. 70 c.

Pour étudier avec facilité la Comptabilité de la Banque, il est nécessaire d'être au courant de tout ce qui concerne : 1° les divers intérêts ; 2° l'exécution des Bordereaux d'entrée et de sortie ; 3° la création des Effets, Billets à ordre, Mandats ou Traites, et Lettres de Change ; il n'est pas inutile non plus de connaître les conversions des monnaies étrangères en monnaies de France. Voyez à cet égard mon petit ouvrage intitulé : *Théorie préparatoire ou questionnaire commercial.*

Pour que les Elèves ne soient pas arrêtés dans le cours des opérations, je n'ai pas présenté ici les deux effets anglais comme rédaction anglaises, attendu que cela est insignifiant ; ceux qui connaissent l'anglais peuvent les traduire à volonté, de mêmes que les deux valeurs allemandes, etc.

GUIDE GÉNÉRAL ET PRATIQUE

DU

COURS COMPLET DE COMPTABILITÉ

à l'usage de la banque, et de toutes les administrations financières,
présentant dans un travail de deux mois d'écritures, du 1er janvier au 28 février, toutes les opérations d'intérêt
à tous les taux,
change, achat et vente d'or et d'argent, comptes courants réciproques et irréciproques,
avec toutes les balances partielles, mensuelles et générales,
et, de plus, résumant à part et dans les mêmes écritures toutes les opérations qui doivent être secrètes.

———————————

Avant de commencer cette comptabilité financière, il est important pour la pratique des écritures, de faire créer à l'avance, par les élèves, tous les Effets à recevoir faisant partie du cours, de même que tous les Bordereaux relatifs aux Effets. En prévision de ce travail, des feuilles en blanc, c'est-à-dire imprimées en blanc, sont préparées pour chaque cours. On prendra, pour exemple de rédaction, les Effets qui figurent ci-après, page. 91 (et pour exemple des Bordereaux, ceux indiqués aussi page. 95).

Après avoir ainsi créé tous les Effets nécessaires pour ce cours et les avoir copiés sur les feuilles de Bordereaux comme s'ils venaient des commettants, on en fait de suite tous le calculs d'intérêt, puis on arrête les comptes.

REMARQUE. — Dans les effets que l'on prépare à l'avance, il en est aussi que l'on reçoit ou que l'on crée sur des commettants, qui ne figurent pas sur les Bordereaux et qui doivent être également classés dans l'ordre pour être repris en temps voulu pour la pratique des opérations. Les Traites, Billets et Lettres de change, etc., étant tous créés à l'avance et copiés sur le Bordereau comme provenant des commettants, on en fait de suite les calculs de nombre de jours, d'intérêt et d'agios et à chaque Bordereau on attache les Effets qui en dépendent, pour les retrouver avec le Bordereau même lorsqu'ils seront désignés par le Guide Pratique.

Exemple du calcul des intérêts de la nouvelle méthode.

Tous nos calculs d'intérêt sont basés sur le taux à 6 p. 100, au moyen duquel nous trouvons tous les autres intérêts. Jusqu'à ce jour, la règle généralement suivie pour trouver cet intérêt, consistait à multiplier le nombre de jours par la valeur et à en prendre le 6e. Nous suivons une route beaucoup plus courte. Le 6 p. 100 est la base principale de tous les intérêts, n'importe à quel taux, parce que ce chiffre peut se diviser sans fraction, en beaucoup plus de parties que les autres. Définissons donc ce principe sur lequel nous nous appuyons. Nous disons : puisque 100 fr. pendant 360 jours rapportent 6 fr. (Dans le commerce l'année n'a que 360 jours, le mois n'étant alors que de 30 jours que l'on nomme Usance). Si donc, 100 fr. pendant 360 jours, donnent 6 fr.; 360 fr. pendant 100 jours produiront également 6 fr. Il s'ensuit donc, que l'intérêt de 360 fr. pendant 100 jours est représenté par la six-millième partie de 360, ou par 6. En effet, 360 × 100 = 36000 mill. qui divisés par 6 qui est la six-millième partie, donne 6000 millièmes de francs ou 6 fr., en retranchant 3 zéros, soit un de millièmes et deux de centièmes.—Si au lieu de chercher l'intérêt de 360 fr. pendant 100 jours, nous le cherchions pour 10 jours, au lieu de multiplier 360 par 100, on multipliera 360 par 10 égale 3600 millièmes qui divisés par 6, donne 600 centièmes ou 60 centimes, en retranchant le millième. Si maintenant nous voulons chercher l'intérêt d'un jour, nous multiplions 360 fr. par 1 jour, ce qui égale 360 millièmes qui, divisés par 6, égalent 60 millièmes ou 6 centièmes en retranchant le zéro pour les millièmes; d'où il suit que l'intérêt d'une somme pendant 6 jours égale, sans multiplication ni division, cette même somme, en y retranchant trois chiffres décimaux, 1 comme millième et 2 comme centième ou centimes. Exemple : 3645 fr. pendant 6 jours égalent 3 francs 64 cent. 5 millièmes, de même que 364 fr. égalent 0 fr. 36 cent. 4 millièmes. Partant de ce principe, nous disons : si l'intérêt à 6 p. 100 pendant 6 jours, représente la somme même, en retranchant seulement trois chiffres décimaux, alors l'intérêt pendant 1 jour, sera la 6ᵉ partie de cette somme.

pendant 2 jours, ce sera le tiers ou le 6ᵉ de la somme multipliée par 2, dont le produit sera l'intérêt, en retranchant trois chiffres, soit 1 millième et 2 centièmes.

pendant 3 jours ce sera la moitié de la valeur ou. . le 6ᵉ multiplié par 3 —
— 4 — — les deux tiers ou . . . . . . le 6ᵉ — — 4 —
— 5 — — la moitié et le tiers ou. . . le 6ᵉ — — 5 —
— 6 — — la somme entière en retranchant 3 chiffres.

Tous les autres calculs ne sont que l'application de ces cinq premiers. Ainsi l'intérêt d'une somme pendant 7 jours sera cette même somme ajoutée avec le 6ᵉ ou le 6ᵉ multiplié par 7, en retranchant trois chiffres décimaux; opérer toujours sur le chiffre qui se trouve au bordereau, sans le poser.

L'intérêt d'une somme, pendant 8 jours, sera la somme plus le tiers avec, ou bien le 6ᵉ multiplié par 8 et retrancher 3 chiffres.

pendant 9 jours, sera la somme, plus la moitié avec, ou bien le 6ᵉ multiplié par 9, etc.

— 10 — — le 6ᵉ de la somme auquel on ajoute un zéro.

pendant 12 jours prendre le 6ᵉ multiplié par 12, c'est-à-dire par 2 et par 1 ou multiplier la somme par 2, puisque dans 12 il y a 2 fois 6.

— 11 — — le 6ᵐᵉ, multiplié par 11; ou prendre 2 fois le 6ᵐᵉ, et retrancher également trois chiffres: un chiffre de millième, deux de centièmes.

— 13 — — le 6ᵉ, multiplié par 13; ou multiplier la somme par 2 qui égale 12, et prendre pour 1, restant, le 6ᵐᵉ.

— 14 — — le 6ᵉ, puis le multiplier par 14, le produit sera l'intérêt; ou bien multiplier la somme par 2, puis prendre le tiers de la somme pour les deux chiffres restants.

— 15 — — prendre d'abord le 6ᵉ de la somme, le multiplier par 15, et le produit sera l'intérêt; ou multiplier par 2 pour 12, et prendre ensuite la moitié pour les 3 restant. (Voir *le Calculateur*).

— 20 — — prendre le 6ᵉ de la somme, le multiplier par 20, etc.; ou multiplier la somme par 3, pour 18, et prendre pour 2, le tiers de la somme.

— 30 — — prendre comme ci-dessus, ou multiplier la somme par 5, en retranchant 3 chiffres.

— 40 — — prendre le 6ᵉ de la somme et le multiplier par 40, ou dire, dans 40 il y a 6 fois 6 et reste 4, qui représente 2/3, on prend au-dessous 2 fois le 1/3 de la somme. (Voir *le Calculateur mécanique*).

— 50 — — pour 50 jours, prendre le 6ᵉ, le multiplier par 50, ou dire il y a 8 fois 6 pour 48, et il reste 2; on multiplie donc par 8, et on prend au-dessous le tiers de la somme, et on additionne, etc., Voir aussi page 167.

Détail des Registres utiles à la comptabilité de la Banque.

1° L'Inventaire Général, présentant l'Actif et le Passif de l'entreprise qui a lieu.

2° Le Grand-Livre Personnel pour les comptes secrets, et son livre de répétitions.

3° La Caisse Capitale qui est annexée à l'Inventaire (registre personnel).

4° Le résumé des Balances Mensuelles et Générales relatif aussi à l'Inventaire (*Livre personnel*).

5° Le Livre de Caisse Générale, relatif à la Banque, où se groupent les opérations premières.

6° Le Livre de Caisse Spéciale, aussi relatif à la Banque, pour le détail des valeurs partielles.

7° Le Livre de Bordereaux d'entrée pour les Effets en Comptes courants.

8° Le Copie d'Effets d'entrée pour l'enregistrement détaillé des Effets que l'on reçoit.

9° Le Livre de Bordereaux de sortie pour les Effets en Compte courant que l'on remet.

10° La Copie d'Effets de sortie pour le détails des Effets que l'on remet.

11° Les Grands-Livres Comptes-courants de la Banque, et leur Livre de Répétitions.

12° Le Livre Journal qui est le livre de la loi, puis les Livres des Balances Partielles, Mensuelles et Annuelles de toutes les opérations relatives à la Banque.

Ces divers registres indiqués ci-dessus, seront employés chacun dans l'ordre où ils se trouvent détaillés, suivant la marche indiquée dans le guide pratique.

REMARQUE. — Pour faciliter la correspondance des registres dans l'exercice des opérations, je les ai classés dans quatre parties détachées, 1re, 2e, 3e et 4e, afin que de l'une, on se transporte en même temps sur l'autre, etc.

DE L'INVENTAIRE GÉNÉRAL (1re PARTIE).

Pour l'exécution de l'Inventaire, il faut ouvrir trois livres de la Méthode : 1° l'Inventaire (voir 1re partie) ; 2° Petit Grand-Livre (4e partie) ; 3° Résumé des Balances Mensuelles (1e partie).

Ainsi qu'il a été dit dans l'exposé du cours, la première des conditions pour se conformer aux prescriptions de la loi, ainsi qu'aux usages du commerce et de l'industrie, est de dresser un Inventaire Général présentant l'Actif et le Passif de l'entreprise en cours d'exécution. Voir à cet effet, l'Inventaire de la méthode, page 86. 1re partie, d'abord l'Actif où l'on inscrit toutes les valeurs versées et ce qui est redû, comme constituant le Capital général, puis le Passif où l'on inscrit la même somme comme crédit des mises sociales.

REMARQUE. — Le Capital d'une société lors de l'entrée en commerce, ne possède rien, attendu que les valeurs qu'il fait valoir appartiennent aux actionnaires et aux commanditaires, etc. C'est à cet effet que le Passif du premier Inventaire, doit être égal à l'Actif, parce que le Capital Actif, est dû au Passif ; mais au second Inventaire, la différence qui existe entre l'Actif et le Passif appartient seul au Capital qui ne doit compte à la société que des bénéfices ou pertes.

Dans les opérations pratiques d'un commerce en société, soit de Banque, soit de tout autre, il est nécessaire pour les opérations qui doivent être secrètes, de nommer l'un des associés, le Gérant du Capital ; ce Gérant devra être chargé : d'abord de l'exécution des Inventaires, ensuite de la tenue du Petit-Grand-Livre personnel, puis de la Caisse Capitale et du Résumé des Balances Mensuelles et Générales qui est le livre où sont récapitulées toutes les écritures de chaque mois, c'est-à-dire celle de l'administration de la Banque, réunies aux écritures secrètes provenant du livre des Inventaires où se passent les opérations particulières.

Pour l'exécution pratique des écritures dans ce cours, les Élèves doivent copier les opérations de l'Inventaire de la Méthode page 86), telles qu'elles se trouvent sur celui des exercices n° 1, etc.) et après avoir constitué l'Actif et le Passif de l'entreprise, chacun des associés approuve et signe ledit Inventaire; l'Élève est donc chargé de cette tâche en commençant. Après que l'Inventaire est dressé et signé, on établit à la suite, le compte de chaque associé, mais pour le premier inventaire seulement, d'abord les mises sociales, puis les versements et ce que chacun redoit (voir l'Inventaire page 86); après ce, on écrit jour par jour les opérations particulières qui ont lieu...

OBSERVATION. — En comptabilité il y a deux sortes d'Inventaires, le simple et le composé. L'inventaire simple est celui qui présente, à son début, l'Actif et le Passif du commerçant, ainsi que son Capital net. L'Inventaire composé est celui qui présente, également à son début, la situation de l'Actif qui doit être égale à celle du Passif, c'est-à-dire que le Capital en représentant la société, ne possède rien au début des opérations, ainsi qu'il a été dit plus haut. Son seul rôle est d'exploiter l'entreprise avec les capitaux des associés qui sont en même temps ses employés et de leur payer les intérêts de leurs capitaux, ainsi que les appointements qu'ils doivent toucher suivant les conditions de l'acte d'association. Le Capital, qui est le représentant de la société, ne devient possesseur que des Bénéfices qu'il réalise dans son exploitation, et ces Bénéfices doivent se partager avec les associés et commanditaire suivant ce qu'il est convenu dans l'acte d'association. Ainsi, lorsqu'il y a Bénéfices d'Inventaire, l'Actif est augmenté de la différence, et lorsqu'il y a Pertes, c'est le contraire qui a lieu. Il n'y a absolument que les Bénéfices ou les Pertes qui soient variables dans les Inventaires en société; à l'égard du Capital social, le chiffre qui le représente est inamovible et ne doit jamais changer; s'il y a Pertes, les associés doivent fournir chacun leur part à ce qui manque, pour rétablir l'équilibre, et s'ils ne fournissent pas, on les débite du manquant.

Après que l'Inventaire a été fait, approuvé et signé, et que la situation des associés a été établie, le Gérant du Capital continue d'écrire les opérations secrètes de chaque jour, *soit ici de 3 jours*, sur le livre des Inventaires, qui est, comme le Journal, le livre de la loi. Ainsi on voit sur l'Inventaire, première partie de la Méthode, à la date du 3 janvier, que le Gérant du Capital a versé au Directeur de la Banque, contre un reçu, une somme en espèces de 135,000 fr. pour l'alimentation journalière des opérations de l'entreprise. A cet effet, il débite sur le livre des Inventaires, là Caisse Générale, par le crédit des espèces versées provenant de la Caisse Capitale, et le Directeur de la Banque fait enregistrer sur la Caisse Générale, cette valeur de 135,000 fr. par le Crédit de la Caisse Capitale à qui il ouvre un compte au Grand-Livre. Le Gérant du Capital remet aussi à la Banque de France une somme de 250,000 fr. également contre un reçu de la Banque. A cet effet, il débite sur le livre des Inventaires la Banque de France, par le Crédit de la Caisse Capitale qui est adhérente au livre d'Inventaire; après ce, il passe les écritures provenant de l'Inventaire Actif et Passif de la journée du 2 janvier, sur le Petit-Grand-Livre Personnel, qui est à la 3ᵉ partie, et sur le petit livre de Répétitions qui est à la 2ᵉ, ainsi que sur le livre Résumé de Balance Mensuelle et générale (1ʳᵉ partie), page 102.

Exposé sur le Petit-Grand-Livre personnel (voir 4ᵉ partie, page 149).

Il est convenu que les écritures qui se passent à la suite de celles de l'Inventaire ne se porteront, comme n'étant pas nombreuses, sur le Petit-Grand Livre Personnel et sur le petit livre des Répétitions, qu'à la fin de chaque mois, pour y établir une Balance qui sera réunie à la Balance Mensuelle de la Banque. Mais ici, pour préparer les élèves à ce petit travail, nous passons de suite les écritures de l'Inventaire du 2 janvier, sur le Petit-Grand-Livre Personnel et sur le petit livre des Répétitions, Débit et Crédit, en y ajoutant les sommes qui doivent rester inamovibles au livre d'Inventaire où elles figurent afin d'obtenir une Balance égale à celle indiquée par l'Inventaire. Ceci étant fait, on passe sur le Petit-Grand-Livre Personnel, les écritures de la journée du 3 janvier, à chacun des comptes à qui elles appartiennent. (*Voir le Petit-Grand-Livre Personnel, page* 151). Exemple d'exécution :

REMARQUE. — Nous avons organisé dans l'ordre de la Méthode, une combinaison qui aidera beaucoup à l'étude de cette science; par cet arrangement, s'il est nécessaire d'employer trois Livres à la fois, ils se trouvent divisés dans les trois parties séparées l'une de l'autre et peuvent être ouverts tous trois à la fois, et guider l'Elève avec fruit dans l'exécution de son cours,

DE L'EXÉCUTION DU PETIT-GRAND-LIVRE PERSONNEL (4ᵉ PARTIE).

1° Pour passer les écritures du livre d'Inventaire sur le Petit-Grand-Livre Personnel, il faut mettre d'abord le livre d'Inventaire à sa gauche, puis le Petit-Grand-Livre Personnel devant soi et le livre de Répétitions qui y est relatif, à sa droite, entre sa couverture et sa feuille de garde; après ce, on passe les articles. Avant tout, on prend le Répertoire du Petit-Grand-Livre Personnel, puis on y inscrit les noms figurant sur le livre des Inventaires, tant à l'Actif qu'au Passif, ainsi que ceux des opérations suivantes. Ceci fait, on remarque sur le livre des Inventaires à l'Actif, le premier nom qui y figure; c'est N/S. FROMENTEL; on l'inscrit aussitôt sur le Répertoire à la lettre F. On regarde ensuite sur le Petit-Grand-Livre Personnel, à quel folio le compte doit figurer; on trouve que c'est au fᵒ 1. On écrit ce folio immédiatement après le nom et sur la même ligne au Répertoire, et dans l'une des cinq petites colonnes qui se trouvent à gauche; on cherche celle de l'O, première voyelle du nom de FROMENTEL; dans cette colonne de l'O, à gauche du nom de FROMENTEL et par conséquent sur la même ligne, on écrit les deux lettres

qui suivent cet O : ici c'est *M, E.* Cette opération étant faite sur le Répertoire, on reporte sur le livre d'Inventaire, à gauche du nom, le folio 1, on en
fait autant pour le compte de N/S. Durozier que l'on écrit au Répertoire à
la lettre D; on prend aussi le folio 1, et on écrit comme précédemment ce
folio 1 sur le livre d'Inventaire en marge de l'article Durozier. On foliote de
la même manière les noms qui se trouvent au Passif. On agit encore de même
pour la journée du 3 janvier qui fait suite, et pour le compte de la Caisse
Générale, et celui de la Banque de France, à qui on ouvre des comptes sur le
Petit-Grand-Livre Personnel. Les noms étant ainsi portés au Répertoire
avec les folios du grand-livre, où leurs comptes figurent ou doivent figurer,
on répète en marge de chaque nom au livre d'Inventaire ces mêmes folios, puis
on passe les écritures ainsi qu'il suit :

Pour opérer, on regarde à gauche sur le livre des Inventaires au compte de
l'Actif; là on remarque le nom de M. Fromentel, et en marge du livre, le
f° 1, qui indique que le compte doit figurer à la page 1. On cherche aussitôt
sur le Grand-Livre Personnel, à la page 1, le compte de Fromentel, mais n'y
étant pas encore, on l'ouvre aussitôt en écrivant en tête avec des caractères saillants, les mots N/S. Fromentel, associé. Le nom étant écrit, on le rappelle aussitôt du Grand-Livre Personnel, et on retourne à gauche sur le livre
d'Inventaire pour placer, dans le double filet qui le précède, un point qui veut
dire que ce nom a été reconnu sur le Grand-Livre Personnel. Le point
mis, on rappelle de l'Inventaire, le nom Fromentel, puis la lettre D
qui désigne de Débit, et la somme due, soit 30,000 fr. en disant :
Fromentel D., ou doit 30,000 fr. Aussitôt on va retrouver, sur le Petit-
Grand-Livre Personnel, le nom Fromentel, puis la colonne D, qui signifie
Débit, et dans cette colonne on écrit immédiatement la somme due de 30,000 fr.
Cette somme écrite, on remplit au Grand-Livre le texte laissé en blanc sur la
ligne où l'on vient de poser les 30,000 fr. Pour cela on écrit d'abord la dette
par la lettre D, et ensuite les mots : suivant Inventaire. Dès que ce texte est
écrit, on rappelle du Petit-Grand-Livre Personnel, la lettre de la colonne où se
trouve la somme : ici c'est D, puis la somme elle-même, soit 30,000 fr.
en disant : D, 30,000 fr., et l'on va sur le petit livre de Répétition qui est à
droite du Grand-Livre Personnel, y inscrire, à la colonne indiquée, soit à la
colonne de D., la somme nommée de 30,000 fr. et en même temps on écrit
en marge du petit livre de Répétitions, le f° 1, du livre d'Inventaire, puis la
date (2 janvier). Aussitôt écrit, on rappelle encore la somme de 30,000 fr.
et on retourne sur le livre des Inventaires pour la revoir et mettre à sa gauche
un point qui indique qu'elle a été vérifiée, que l'article est passé. Dès que le
point est mis, on prend l'article suivant, N/S. Durozier, sur lequel on opère
comme sur le précédent et ainsi de suite pour tous les noms provenant du

Passif. Après que les écritures de l'Actif, de l'Inventaire ont été passées sur le Grand-Livre Personnel, que les sommes ont été reproduites du Grand-Livre Personnel sur le livre de Répétitions, on additionne sur ce dernier les sommes du Débit et du Crédit auxquelles on ajoute les sommes particulières de l'Inventaire pour indiquer la balance qui en est le contrôle. Cette première opération étant faite, on continue de porter sur le Petit Grand-Livre Personnel, les écritures secrètes du livre d'Inventaire, de la (journée du 3 janvier). Voir 2° page (Inventaire du 3 janvier).

Ainsi, on remarque ce jour, sur le livre d'Inventaire, le nom de Caisse Générale, puis en marge de ce nom, le f° 3, qui indique que la Caisse Générale doit figurer au f° 3, du Petit-Grand-Livre Personnel. On s'y reporte aussitôt, puis on écrit en tête du compte en caractères saillants, les mots : Caisse Générale; après ce, on rappelle de ce compte le nom de Caisse Générale, on va le retrouver à gauche sur le livre d'Inventaire, et là on place près de la lettre D qui précède le bibellé, un point indiquant sa vérification. Dès que le point est posé, on rappelle de nouveau le nom de Caisse Générale, puis la lettre D qui précède le libellé, enfin la somme, soit 135,000 fr. en disant : Caisse Générale, D 135,000 fr.

On retourne aussitôt sur le Grand-Livre Personnel pour revoir d'abord le nom exprimé, c'est-à-dire Caisse Générale, afin de ne pas porter à l'un ce qui appartient à d'autres, et ensuite, la colonne en tête de laquelle se trouve la lettre D., et dans cette colonne on écrit la somme de 135,000 fr. On remplit ensuite le texte qui a été laissé en blanc, comme plus haut pour l'article de N/S. FROMENTEL. Le texte rempli, on rappelle du Grand-Livre Personnel, d'abord la lettre de la colonne où se trouve inscrite la somme, soit D, puis ensuite la somme, soit 135,000 fr., et l'on va au livre de Répétition, à la colonne D., inscrire ces 135,000 fr. en ayant soin de mettre à la gauche le folio du livre d'Inventaire et sa date. Enfin on rappelle encore la somme du livre de Répétition et on va revoir sur le livre d'Inventaire si c'est bien cette même somme de 135,000 fr. que l'on avait à inscrire. Après l'avoir reconnue et par conséquent vérifiée, on met un point dans le double filet qui est à sa gauche.

Ce point sert à faire connaître que cette somme a été passée successivement du livre d'Inventaire, sur le Petit-Grand Livre Personnel et sur le livre de Répétition. Dès que le point est mis on passe l'article suivant relatif à la banque de France, de la même manière que les précédents.

REMARQUE. — La balance des opérations de l'Inventaire n'a lieu sur le Petit Grand-Livre Personnel que toutes les fins de mois, pour être réunie à celle de la Balance Générale du mois, provenant des opérations de la Banque.

DU RÉSUMÉ DES BALANCES MENSUELLES ET GÉNÉRALES COMMENCÉ LE 2 JANVIER 1866 (1ʳᵉ PARTIE).

Dans le livre nommé Résumé des Balances Mensuelles et Générales on écrit secrètement comme base de toutes les opérations, les sommes Actives et Passives provenant de l'Inventaire, puis ensuite les balances de chaque mois des écritures Générales et particulières. Pour commencer les écritures, le Gérant du Capital y rapporte de l'Inventaire Général, à chaque compte et dans chaque colonne correspondante, 1° au compte Divers, à la colonne DOIT, le total des sommes des Débiteurs de l'Actif, soit 50,000 fr.; 2° au compte Divers à la colonne AVOIR, le total des sommes des Créditeurs du Passif, soit 643,280 fr.; 3° à la colonne DOIT du compte de Marchandises Générales, la valeur des matières or et argent estimée à l'Inventaire, soit 33,880 fr.; 4° à la colonne DOIT de Caisse Générale, la somme des valeurs espèces, soit 547,000 fr. Après avoir porté de l'Inventaire sur le Résumé des Balances Mensuelles et Générales à chacune des colonnes auxquelles elles appartiennent, les sommes provenant du Capital, le Gérant associé établit au bas du Résumé des Balances Mensuelles et Générales, d'abord la situation d'Inventaire, en inscrivant dans la première petite colonne à gauche et superposés les uns sous les autres, les six comptes appelés généraux qui constituent le Capital, tels que : DIVERS, représentant le compte des Débiteurs et Créditeurs; MARCHANDISES Générales, représentant le magasin; EFFETS à recevoir, représentant le Portefeuille; ESPÈCES, représentant la Caisse; PERTE et BÉNÉFICE, représentant les Pertes ou Bénéfices; enfin le CAPITAL, où s'inscrivent les différences qui existent entre le Débit et le Crédit de la Balance de situation, soit ici 12,400 fr., provenant de l'agencement ou mobilier industriel et loyer d'avance, etc. (*exemple de la situation*).

Pour établir la situation de l'Inventaire, il faut écrire au bas du Résumé des Balances Mensuelles et Générales, dans la première colonne à gauche, les titres des six comptes appelés Généraux, en les superposant les uns sous les autres. Après ce, on écrit, 1° sur la ligne des Divers, à la colonne Doit la somme 50,000 fr., que l'on remarque en tête du résumé à la colonne Doit du compte Divers ; 2° sur la même ligne de Divers à la colonne Avoir, la somme de 643,280 fr., que l'on remarque en tête du résumé à la colonne Avoir des Divers ; 3° sur la ligne de Marchandises Générales, à la colonne Doit, la somme de 33,880 fr., que l'on remarque en tête du résumé à la colonne Doit de Marchandises Générales ; 4° sur la ligne des Effets, à la colonne Doit, la somme des Effets à recevoir; *ici il n'y en a (pas encore)*; 5° Sur la ligne des

3

Espèces à la colonne Doit, la somme 547,000 fr., que l'on remarque en tête du Résumé à la colonne DOIT des Espèces ; 6° sur la ligne de Pertes et Bénéfices, *puisqu'il n'y en a pas encore à l'Inventaire ;* 7° sur la ligne du Capital, à la colonne Doit, la somme qui manque pour le complément de la balance, que l'on remarque sur le livre des Inventaires, provenant de l'agencement et du loyer payé d'avance, soit ici 12,400 fr. Lorsque toutes les sommes sont récapitulées ainsi, on tire une ligne sous les dernières posées, puis on additionne sous cette ligne les sommes des deux colonnes Débit et Crédit, qui doivent, si les opérations sont justes, présenter deux totaux égaux, formant les mêmes chiffres que ceux provenant de l'Actif et du Passif de l'Inventaire. Tels que : 643,280 fr.

OBSERVATION. — Dans le commerce simple, c'est-à-dire lorsqu'il n'y a pas d'association, la différence qui existe à la Balance d'Inventaire, sur le Résumé des Balances Mensuelles, se trouve à l'AVOIR sous le total Passif, et représente le Capital net commercial, à moins que ce ne soit dans une maison de fabrique où le mobilier constitue en partie l'AVOIR de l'exploitation; alors là, il faudrait, pour la bonne règle, faire figurer ce mobilier à la situation de la Balance d'Inventaire.

Après cette opération, on continue les écritures générales de la maison de banque.

Exposé sur les diverses Caisses de la Banque et leur but.

Pour la pratique des écritures d'une grande maison de banque, change, etc., il y a, comme opération secrète, d'abord une Caisse Capitale, puis pour les opérations de la banque journalière, une Caisse Générale et une Caisse Spéciale. Cette dernière Caisse Spéciale n'est que pour le roulement journalier des espèces détaillées, tant de celles qui entrent que de celles qui sortent. Le Caissier Spécial est le seul qui ait le maniement des espèces, mais il ne reçoit jamais de valeurs que sur des reçus qu'il signe, c'est-à-dire sur un petit carnet tenu par le Directeur, et ne paye non plus que sur des bulletins détachés d'une souche signés du Directeur. Ces bulletins sont conservés par lui jusqu'à la fin du jour, c'est-à-dire jusqu'au moment où on reconnaît sa Caisse ; il ne paye non plus les mandats que lorsqu'ils sont revêtus du cachet de l'acquittement, posé par le Directeur. Ces effets acquittés lui servent également de titre pour ce qu'il a payé, aussi ne les remet-il que lorsque sa Caisse est reconnue par le Directeur, qui classe ensuite, toutes ses notes de Caisse, par ordre de date, dans les archives de la comptabilité.

OBSERVATION. — Ce livre de Caisse Spéciale n'existe pas dans ce cours, parce que les opérations qui ont lieu ici ne s'y divisent pas comme dans une Banque, attendu qu'elles sont exécutées toutes théoriquement et une à une, par la même personne. Dans ce cas, la Caisse Générale, qui a la même forme que la Caisse Spéciale, résume seule ici toutes les opérations de la Banque, sauf les Effets provenant des entrées et sorties des Bordereaux de chaque jour, qui ne s'y portent que collectivement ainsi que les Pertes et Bénéfices de ces mêmes Bordereaux.

DE LA CAISSE GÉNÉRALE DE LA JOURNÉE DU 3 JANVIER.

En commençant la journée du 3 janvier, le Gérant du Capital verse, comme il a été dit à l'Inventaire, au Directeur de la maison de Banque, contre un reçu une somme de 135,000 fr. pour le roulement des opérations journalières, puis le Directeur fait enregistrer cette somme sur la Caisse Générale, par le Caissier Comptable, qui est en quelque sorte son secrétaire, étant toujours près de lui pour recueillir ses instructions; en créditant sa Caisse Capitale qui verse la valeur, il porte d'abord la somme dans la colonne Totaux Divers, suivie d'une lettre A, et il répète cette somme dans le colonne Doit de Caisse; pour l'exécution de l'article, il écrit d'abord en marge de la Caisse Générale : 1° les lettres I^{res} pour Inventaire, puis la date, année, mois et jour, ensuite la lettre A, indiquant le crédit ou l'avoir, et ensuite les mots : Caisse Capitale, son versement, espèces.

REMARQUE. — La colonne Totaux Divers de la Caisse Générale, est destinée à recevoir toutes les sommes particulières de chaque sujet d'opération, principalement de ceux indiqués par D, ou par A, signifiant Doit et Avoir. La petite colonne qui est à gauche est destinée à recevoir les lettres et signes indiquant les débits, tels que : D, pour Doit; trait —; pour entrée de marchandises E, qui signifie aussi Doit; pour entrée des Effets, P, qui signifie Pertes au Doit, car la Perte doit toujours, et l'autre petite colonne qui se trouve à droite est destinée à inscrire les lettres et signes représentant les crédits, tels que : A, pour Avoir; O, pour sortie des Marchandises ou Avoir; S, pour sortie d'Effets, indiquant aussi l'Avoir; puis B, pour Bénéfices ou Avoir, car le Bénéfice s'écrit toujours à l'Avoir.

Au-dessous de la Caisse Capitale, on remarque qu'il a été acheté à Dupressoir de Nantes, une facture qu'on lui a soldée; sur la même ligne, dans la première petite colonne qui représente les Débits, on met un trait — indiquant les Achats, et dans la colonne qui sépare le Débit du Crédit de la Caisse, un autre petit trait — pour préciser la somme qui paye l'Achat, et en marquer la place. Au-dessous de cette ligne, on écrit le détail des matières achetées et on en fait les calculs en dedans du texte, soit au total, 6,229 fr. 50 que l'on écrit sur la ligne du sujet à la colonne Avoir de Caisse, précédée d'un petit trait —.

Au-dessous de l'article d'achat, on remarque qu'il a été payé 125 fr. pour frais de bureau; on écrit à cet effet les mots : Pertes pour frais de Bureau, précédés d'une lettre P, que l'on répète dans la petite colonne au bout du texte, précisant la dépense que l'on porte dans la colonne Totaux divers, et que l'on répète à la colonne Avoir de Caisse.

La journée étant terminée, on arrête les opérations de la Caisse Générale par deux lignes tirées en travers du texte et des colonnes, l'une près de la dernière opération et l'autre à une ligne d'intervalle au-dessous, puis, entre ces deux lignes, on additionne, au compte de Caisse, les sommes du Débit et du Crédit que l'on souligne pour séparer ces deux totaux de ceux de Pertes et Bénéfices, qui doivent être rapportés chaque jour des livres des Bordereaux d'entrée et de sortie. Ces sommes (Pertes et Bénéfices) ne sont mises à cette place désignée que comme note, pour faciliter les Balances ; après que ces additions sont faites, on établit la Balance de Caisse. Pour opérer, on ajoute au total des valeurs qu'il y avait en Caisse la veille, le total de celles qui sont entrées dans la journée, ici il n'y avait pas d'Espèces la veille, celles qui sont entrées proviennent de la Caisse Capitale, qui a un compte ouvert au Grand-Livre Compte Courant ; ainsi, il n'y avait donc pas d'Espèces en Caisse la veille ; il suffit, à cet effet, de soustraire du débit de la Caisse, soit 135,000 fr., la somme du crédit de 6,354 fr. 50 c., dont la différence est de 128,645 fr. 50 c., que l'on écrit dans le milieu du texte, entre les deux lignes qui arrêtent les opérations de la journée, que l'on fait précéder des mots : en Caisse ; la Balance du Portefeuille a lieu de même, lorsque les sommes des Effets provenant des Bordereaux sont rapportées sur la Caisse Générale.

Lorsque la Caisse Générale est arrêtée, que les additions des valeurs entrées et sorties sont faites, on continue les écritures des autres opérations qui suivent :

DU LIVRE DE BORDEREAUX D'ENTRÉES (2° PARTIE DE LA MÉTHODE).

De la journée du 3 Janvier (Effets, 1re partie).

Pour opérer, on remarque sur le livre de Bordereaux d'entrées de la Méthode, page 95, que LEBRETON et Cᵉ, ainsi que PALMIER, bijoutier, ont remis ce jour en compte courant à notre Banque, deux Bordereaux, l'un de 7 Effets et l'autre de deux, accompagnés des Effets mêmes qu'ils indiquent. Alors on prend dans les Effets et Bordereaux qui ont été préparés à l'avance, les deux Bordereaux désignés, ainsi que les Effets qui les accompagnent. Ensuite on détache les Effets des Bordereaux et on les rattache ensemble avec la même épingle, par ordre où ils se trouvent, et séparés du bordereau, pour les mettre de côté afin de les reprendre plus tard lorsqu'il en sera nécessaire ; après ce, on met les deux Bordereaux à sa gauche, puis on prend d'abord le livre de Bordereaux d'entrée des exercices, que l'on met devant soi ; après ce, on passe les écritures, c'est-à-dire que l'on copie les deux Bordereaux sur ce livre, en y écrivant les Effets un à un, sans y écrire, quant à présent, ni le nombre de jours, ni les intérêts, ni les agios ; n'y écrire seulement que les noms, les lieux de payements, ainsi que les Échéances, les sommes des valeurs, puis le taux des agios.

Ainsi, pour enregistrer les Bordereaux reçus, on écrit d'abord en marge du livre tels que : l'année, le mois et la date, ensuite la lettre A, qui signifie Avoir, puis le nom du commettant, soit LEBRETON et Cᵉ, leur Bordereau, 7 Effets ; après ce,

on met des guillemets ou des points jusqu'à la dernière colonne intitulée : Totaux nets, et au-dessous du nom on détaille les Effets ainsi qu'il vient d'être dit.
Puis, lorsque tous les Effets provenant du premier Bordereau sont copiés un à
un sur le livre de Bordereaux, on en calcule les intérêts et agios que l'on pose
dans leurs colonnes respectives; après ce, on les compare avec le Bordereau
même des commettants, afin de s'assurer de la véracité des calculs.

Pour opérer les intérêts, on cherche d'abord le nombre de jours de la première
valeur, nombre que l'on obtient d'un seul coup d'aiguille à l'aide du Calculateur
mécanique (Invention de l'auteur) ou bien, à défaut du Calculateur, pour trouver
le nombre de jours, il faut avoir recours au Calendrier, lorsqu'on ne connaît pas
les jours du mois par cœur. Ainsi, pour la première valeur du premier Bordereau, qui est de 250 fr., échéant le 15 mars, on calcule donc du 3 janvier, jour
de l'enregistrement, jusqu'au 15 mars, jour de l'échéance; sans le calculateur il
faut d'abord dire du 3 janvier au 31, il y a 28 jours, puis 28 jours de février
et 15 jours de mars, égale 71 jours que l'on pose dans la colonne intitulée :
Nombre de jours. Pour le calcul le plus simple, il faut dire que 71 jours représentent 71 6ᵉˢ de jour ; on prend donc pour un jour le 6ᵉ de 250, soit 416, que l'on
multiplie ensuite par 70 6ᵉˢ de jour ou par 7, en reculant d'un chiffre à gauche,
qui égale au total, 29,536 ; de ce produit total on retranche quatre chiffres,
soit deux chiffres des millièmes, soit deux chiffres des centièmes qui égalent
2 fr. 95 c. que l'on place dans la colonne intitulée Intérêts.

Observation. — Ici on retranche 2 chiffres des millièmes, parce que sur le premier 6ᵉ il y a eu une
fraction supplémentaire, mais dans tous les autres calculs où la division ne se fractionne pas, on ne
retranche qu'un chiffre des millièmes, puis deux des centièmes: par les anciens systèmes, nommés
nombres, les calculs sont plus compliqués, puisqu'il faut multiplier le nombre de jours par la valeur
et prendre ensuite le 6ᵉ du produit en retranchant un millième ou diviser par 60 pour 6 % et par
72ᵉ p. 5, etc., etc. Pour le quart de commission, on prend le quart de la somme de 250 fr. soit 60,
il y aurait ici 62, mais on néglige les centimes au-dessous de 3, et on les augmente au-dessus de 2.

Lorsque le compte est calculé, que les intérêts sont vérifiés, on arrête les
écritures du Bordereau; puis, pour la bonne règle, on tire une ligne en travers des
colonnes sous les dernières sommes posées pour y additionner d'abord les valeurs brutes, puis les intérêts et les agios; après ce, on réunit les intérêts et
agios en un seul total dans la colonne intitulée intérêts et agios, et on soustrait ce total de celui des valeurs brutes, en posant les chiffres dans la dernière
colonne intitulée totaux nets des Effets entrés, et comme la journée n'est pas
terminée, on tire une autre ligne sous les trois totaux : Valeurs brutes, Intérêts
et Agios, et on répète immédiatement le total brut des Effets à gauche de la
somme dans une colonne intitulée totaux généraux ; après ce, on continue de
même le second Bordereau de Palmier, bijoutier, on en calcule aussi les
intérêts et agios, puis on arrête les opérations, ainsi qu'il vient d'être dit plus
haut; après cet arrêté, on tire une petite ligne en travers des colonnes des

échéances et du nombre de jours, puis sous les sommes totaux des intérêts et agios et le total net des Effets entrés, on additionne les opérations de la ournée, tels que : intérêts, agios et totaux nets ; on additionne aussi de même en dedans du texte, à gauche de la colonne totaux bruts dans celle intitulée totaux généraux, les totaux bruts des Effets entrés dans la journée ; ensuite, on copie les Effets sur le copie d'Effets d'entrée.

OBSERVATION.—Le livre de Bordereaux d'entrées, ayant les mêmes colonnes que celui du livre de Bordereaux de sorties, nous faisons détailler ici les Effets, pour que les élèves puissent s'initier davantage dans les calculs d'intérêts. On peut même dans la pratique détailler les Effets que l'on reçoit comme il est des commerçants qui détaillent sur le livre d'Achat les Factures qu'ils reçoivent ; après ce, ou reprend les Effets qui ont été mis de côté, pour les enregistrer avec tout le détail sur le Copie d'Effets d'entrée.

DU LIVRE COPIE D'EFFETS D'ENTRÉE (3ᵉ PARTIE, ET EFFETS, 1ʳᵉ PARTIE).

Au 3 Janvier.

On reprend les Effets, qui ont été mis de côté provenant des deux Bordereaux d'entrée, puis, on les inscrit au copie d'Effets d'entrée dans l'ordre où ils ont été classés en les inscrivant un à un dans tous leurs détails (voir copie d'Effets d'entrée p. 130). Pour cette opération, on met d'abord les Effets du premier Bordereau à sa gauche, puis le Copie d'Effets devant soi et on copie les Effets comme il vient d'être dit, c'est-à-dire que l'on met d'abord en marge du copie d'Effets, la lettre initiale de la nature de l'effet, soit M, pour mandat, ou B, pour Billet et L pour lettre de change ; — on écrit donc M, puis dans la colonne qui suit : l'année, le mois et la date de création, et enfin la date d'enregistrement, les noms des Cédants, le nombre d'Effets par Bordereau, les tireurs ou souscripteurs et domicile, les payeurs et lieux de payements, les dates des Echéances, les nᵒ des Effets par page, les valeurs des Effets entrés ; les folios des pages des billets sortis, rapportés au moment même de la sortie, ensuite les nᵒˢ des billets sortis provenant de l'ordre des sorties ; les 12 colonnes représentant les 12 mois de l'année, où se répètent les dates des Echéances ; les totaux par jour des Effets entrés, puis la colonne d'observations, où se désignent les valeurs étrangères et autres écritures incidentes, etc.

Les 12 colonnes représentant les 12 mois de l'année sur ce livre, sont spéciales pour indiquer le nombre d'Effets entrés dans chaque mois, le livre de sorties d'Effets ayant la même disposition de colonne, on rapporte les totaux de chaque mois de ses sorties, sous ceux de chaque mois des entrées ; après ce, on en prend la différence qui représente le nombre d'Effets restant dans chaque mois de l'année, ce qui est facile à contrôler avec le portefeuille qui comporte les 12 mois ; à la fin de la page on additionne les totaux partiels et les totaux par jour qui contrôlent le nombre de valeurs ; on additionne aussi les

totaux des Effets par Bordereaux, puis le total général des n° qui représente
le même nombre, de même que les additions des Echéances que l'on répète à la
page suivante si le mois n'est pas terminé; ici le mois étant fini, on rapporte
sous les divers totaux ceux de même nature du copie d'Effet de sorties, puis
d'après des soustractions, on obtient ce qui reste d'Effets en général et de
chaque mois, que l'on reporte ensuite à la page suivante, pour être compris avec
ceux des opérations qui doivent suivre. (Voir page 131).

DU LIVRE DE BORDEREAUX DE SORTIE (2ᵉ PARTIE).

Au 3 Janvier.

Pour l'ordre des écritures on met à sa gauche, le Bordereau qui a été pris dans
ceux préparés à l'avance, comme pour être envoyés à son correspondant, puis
le livre de Bordereaux de sortie devant soi, après ce, on copie littéralement ces
effets sans y écrire ni le nombre de jours, ni les intérêts, ni les agios : ne
mettre que les taux des agios, afin de refaire particulièrement les calculs des
nombres de jours, puis des intérêts et agios, comme cela se fait en Banque pour les
contrôles des calculs. Lorsque tous les effets sont copiés avec leur échéance, on
procède aux calculs d'intérêts, comme il a été dit au livre de Bordereaux d'entrée
(voir page 111) et pour calculer les intérêts, voir page 16). Dès que le Bordereau est calculé, on arrête le compte comme il a été dit au livre de Bordereaux
d'entrée ; mais, par exemple, à ce premier Bordereau dont l'intérêt doit être
à 4 1/2 p. %. si les calculs ont été faits à 6 p. %, il faut alors pour 4 1/2 p. %.
prendre le 1/4 de l'intérêt de 6 p. %, nous prenons le 1/4 parce que dans
6 il y a 12 demies; et dans 4 1/2 il y a 9 demies. Il reste alors 3 demies, que,
pour avoir 12 demies, il faut multiplier par 4, qui est le 1/4 de 12 — soit de
l'intérêt à 6 p. %, 22 fr. 95 ; le quart de 22 fr. 95 est de 5 fr. 55 dont le net
à 4 1/2 est de 17 fr. 40, ajouté à l'agio, égale 25 fr. 25, puis soustraire, soit
net de valeur, 2793 fr. 50, et le brut, qui est reporté dans la colonne de gauche,
intitulée Totaux généraux, est de 3,818 f. 75. — Pour 4 1/2 p. %, on prend
le 1/4 de 6 p. 5 1/2 p. %.; on prend le 12ᵉ; et 4 p. %, on déduit le
1/4 ; 3 p. %, la moitié; 3 1/2 p. %, la moitié et le 12ᵉ, etc. Après avoir
calculé le Bordereau sur le livre de Bordereau, on copie les Effets sur le copie
d'effets de sortie en opérant comme il a été dit pour la copie d'Effets d'entrée.
(Voir page 120.)

DU LIVRE COPIE D'EFFETS DE SORTIE (4ᵉ PARTIE).

au 3 Janvier.

Pour enregistrer les Effets sur le Copie d'Effets de sortie on met les Effets à
gauche et le Copie d'Effets devant soi, puis on enregistre comme suit : la date

d'enregistrement, les noms des preneurs, les totaux des Effets par Bordereaux, les nᵒˢ d'ordre de sortie, les valeurs, puis les nᵒˢ des effets entrés qui se trouvent sur les effets mêmes, les folios des pages où les effets sont entrés, qui se trouvent également sur l'effet que l'on inscrit immédiatement; puis, au fur et à mesure que les Effets que l'on remet sont enregistrés, on écrit au dos, près de la signature, le folio du livre d'où ils sortent puis le nᵒ d'ordre de sortie, afin que, dès que les effets sont enregistrés, on puisse, à l'aide des effets mêmes, remettre les folio et nᵒˢ de correspondance à l'entrée de chaque effet sur le Copie d'entrée, pour indiquer leur sortie et les endroits d'où ils sont sortis; après ce, on met le Bordereau qui a été préparé, avec les effets, dans une enveloppe pour les envoyer à son correspondant. Nous avons dit qu'en pratique, il était nécessaire d'envoyer deux Bordereaux, l'un signé, pour rester entre les mains du preneur et l'autre sans signature qui est renvoyé à l'expéditeur par le preneur avec les intérêts et agios déduits (en employant ce moyen, il n'y aurait jamais de retard dans les Banques pour ces sortes d'écritures); après cette dernière opération, on passe les articles de la journée sur le Grand-Livre Compte Courant. Nous opérons ici, comme pour le commerce, dans un ordre régulier. Comme il faut acheter les billets avant de les vendre, et qu'il faut les vendre avant d'en recevoir l'argent, nous commençons à passer au Grand-Livre, par le livre de Bordereaux d'entrée, ensuite le livre de Bordereaux de sortie, puis en dernier lieu, du livre de Caisse générale.

DU GRAND-LIVRE, COMPTE COURANT (3ᵉ PARTIE); LIVRES AUXILIAIRES : CAISSE GÉNÉRALE (2ᵉ PARTIE), BORDEREAUX (2ᵉ PARTIE), ET LIVRE DE RÉPÉTITION (4ᵉ PARTIE).

De la journée du 3 Janvier.

Pour passer les écritures des livres auxiliaires sur le Grand-Livre Compte Courant et sur le livre de Répétitions, il faut, suivant l'ordre des opérations, prendre le Répertoire du Grand-Livre Compte Courant pour y écrire les noms des commettants, et mettre à l'avance en marge de chaque nom, sur les livres auxiliaires, les folios des comptes ouverts, en commençant par le livre de Caisse Générale que l'on place à sa gauche, puis le livre de Bordereaux de sortie que l'on met dessus, en finissant par celui de Bordereaux d'entrée qui est aussi placé sur le livre de Bordereaux de sortie; c'est par ce dernier que l'on commence les opérations.

Ainsi, on remarque sur le livre de Caisse Générale, le nom de Caisse Capital, on cherche à quel folio du Grand-Livre Compte Courant, on doit ouvrir le compte, soit fᵒ 8, ensuite on prend le Répertoire qui est ici attaché au Grand-Livre, qui ordinairement est séparé; on cherche la page indiquée par la lettre C pour Caisse, puis on écrit à cette lettre, le nom de Caisse Capital, et au bout, le folio de son compte au Grand-Livre; à gauche du nom, dans l'une des cinq petites colonnes indiquées par cinq voyelles, on y écrit dans la colonne de la première voyelle du nom, les deux lettres qui viennent après, soit dans la colonne A, les deux lettres *i s* pour Caisse, après ce on reporte en marge de Caisse Capital, sur le livre de Caisse Générale le f° 8. Comme il n'y a dans le livre de Caisse de ce jour, qu'un nom à reporter au Grand-Livre Compte Courant, on met le livre de Caisse Générale où se trouvent les opérations de la journée et ouvert à sa gauche, après ce on reprend le livre de Bordereaux de sortie pour y mettre aussi en marge les folios du Grand-Livre; ainsi on remarque au premier article, le nom du Comptoir National, et au bout de la ligne, le folio de son compte au Grand-Livre, soit le f° 5; à gauche du nom, dans l'une des cinq petites colonnes, on écrit dans la colonne de la voyelle O les deux lettres *mp* pour Comptoir et en marge du Répertoire, le nom de la ville, soit Paris; dès que le nom est écrit au Répertoire ainsi que ce qui en dépend, on met en marge du nom, sur le livre de Bordereaux, le f° 5 du compte, mais comme on remarque qu'il n'y a qu'un article, on met ce livre à gauche sur le livre de Caisse Générale, puis on reprend le livre de Bordereaux d'entrée; là on remarque au premier article le nom de Lebreton et Cⁱᵉ, on regarde ensuite sur le Grand-Livre Compte Courant, pour voir à quelle page ce compte doit figurer, soit ici à la page 1, alors on écrit à la suite du nom au Répertoire, le f° 1 et à gauche du nom, dans l'une des cinq petites colonnes, soit à la colonne E, les deux lettres qui suivent la voyelle, soit *b r*, et en marge du Répertoire, le nom de la ville, soit Bordeaux; aussitôt fait, on reporte sur le livre de Bordereaux d'entrée, en marge du nom de Lebreton et Cie, le f° 1, après ce on reprend l'article suivant, soit Palmier, Bijoutier; on ouvre le Répertoire à la page de la lettre P, et on y inscrit le nom de Palmier, *Bijoutier*, puis on regarde à quelle page du Grand-Livre Compte Courant, son compte doit figurer, soit au f° 1; alors on écrit le f° 1 à la suite de son nom au Répertoire, et à gauche du nom, dans l'une des cinq petites colonnes, on écrit dans celle indiquée par A pour Palmier, les deux lettres qui suivent cette voyelle, soit *lm*, et en marge du Répertoire on écrit le nom de la ville, soit Paris, puis de là, on porte sur le livre de Bordereaux, en marge du nom de Palmier, le f° 1. Comme on voit qu'il n'y a pas d'autres articles ce jour, on met ce livre à sa gauche sur le livre de Bordereaux de sortie. Les trois livres auxiliaires se trouvent alors être placés dans l'ordre où les écritures doivent se porter au Grand-Livre Compte Courant, c'est-à-dire l'un sur l'autre.

Après avoir folioté et placé à sa gauche les trois livres auxiliaires, on met le Grand-Livre Compte Courant des exercices devant soi, et le petit livre de Répétition qui se trouve à la 4ᵉ partie, à droite du Grand-Livre, ou à gauche

suivant la facilité du comptable ; après ce, on regarde à gauche sur le livre
de Bordereaux d'entrée, on y remarque le nom de LEBRETON et Cie, puis en
marge, le fᵒ 1 de la page où il doit figurer au Grand-Livre, on se reporte de
suite sur le Grand-Livre à la page 1, là on voit que LEBRETON et Cie n'y est
pas encore ouvert, alors on écrit son nom en tête du compte en caractère
saillant, soit LEBRETON et Cie, puis en plus petit texte, le nom de la ville, soit
BORDEAUX ; dès que le compte est ouvert, on rappelle du Grand-Livre Compte
Courant le nom du compte et la demeure, soit LEBRETON et Cie de Bordeaux,
on retient en mémoire ces trois désignations, ensuite on retourne à gauche
sur le livre de Bordereaux d'entrée pour revoir le nom et la demeure, afin
de ne pas porter, par inadvertance, à un compte ce qui appartient à un autre.
Dès que le nom et la qualification du nom sont reconnus, on met à gauche
dans le double filet, près de la lettre qui le désigne, un point précisant sa
vérification. Dès que le point est mis, on rappelle également du livre de Bordereaux, d'abord le nom seulement, soit LEBRETON, sans répéter sa qualification, puis la lettre A indiquant le crédit, et enfin la somme, montant net du
bordereau, soit 5,043 fr. 15 c., on retient donc aussi ces trois désignations
en mémoire ; de là on revient sur le Grand-Livre Compte Courant pour y vérifier une à une ces trois désignations. D'abord le nom, afin de ne pas porter
l'article à un autre nom, ensuite la lettre A pour écrire à la colonne A la
somme désignée, soit 5,043 fr. 15 c., résultat de la troisième désignation ; dès
que cette somme est écrite à la colonne A, on écrit aussi pour marquer la
place des intérêts, dans le double filet qui sépare le Crédit des valeurs du
débit des intérêts, une petite lettre a minuscule, et de là, on répète la valeur à
la dernière colonne intitulée situation de compte, ce qui a lieu à chaque article, afin d'avoir continuellement sous l'œil le solde Débiteur ou le solde Créditeur de chaque compte ; après ce, on remplit le texte de la ligne laissée en
blanc sur le Grand-Livre Compte Courant, en écrivant d'abord en marge du
compte, la lettre E indiquant le livre de Bordereaux d'entrée, puis le folio de ce
livre, soit fᵒ 1 et ensuite l'année, le mois et la date, tels que 1866, le 3 janvier,
ainsi que la lettre A et enfin le libellé, soit : leur bordereau 7 effets ; à la suite,
on écrit dans la colonne intitulée, année, mois et date des échéances, tels que
1866, puis le 3 janvier, mais comme la première échéance indique le départ
de l'ouverture du compte, et que l'intérêt de cette échéance ne se calcule qu'à
la fin du compte, on écrit dans la colonne des nombres de jours, le mot : époque, qui est le terme usité de tous les comptes courants d'intérêts rétrogrades,
c'est toujours de cette date que doivent se calculer toutes les valeurs qui
suivent. Après ce, on rappelle du Grand-Livre Compte Courant, d'abord la
lettre de la colonne où est la somme, soit la lettre A, puis ensuite la somme,
5,043 fr. 15 c., et du Grand-Livre Compte Courant, on retourne sur le petit

livre de Répétition qui est placé à droite du Grand-Livre, pour y écrire à la colonne A, cette somme nommée de 5,043 fr. 15 c., aussitôt qu'elle est écrite, on reprend du Grand-Livre Compte Courant, pour l'écrire aussi sur le livre de Répétition, dans la colonne qui se trouve à gauche, le folio du compte, soit f° 1 ; aussitôt écrit, on rappelle la somme du petit livre de Répétition et on retourne à gauche sur le livre de Bordereaux, pour revoir cette somme et mettre dans le double filet qui la précède, un point précisant sa vérification ; dès que le point est mis, on reprend l'article suivant, pour le passer de même, soit : PAL-MIER, *Bijoutier ;* on remarque par le f° 1 qui est en marge, à quelle page du Grand-Livre Compte Courant son compte figure ou doit figurer, soit à la page 1re; on s'y reporte aussitôt, puis, comme il n'y est pas encore, on ouvre son compte, c'est-à-dire que l'on écrit en lettres saillantes, en tête du compte, le nom de PALMIER, et en plus petit texte le mot : *Bijoutier,* enfin, au dessous le nom de la ville, soit PARIS ; dès que le compte est ouvert, on rappelle du Grand-Livre Compte Courant, le nom et la qualification, soit PALMIER, *Bijoutier,* puis de là on retourne à gauche sur le livre de Bordereaux, pour revoir ce nom qui est rappelé, et mettre près de la lettre A, qui le désigne, dans le double filet préparé à cet effet, un point qui précise sa vérification. Après que le point est mis, on rappelle également du livre de Bordereaux, d'abord avant tout le nom de PALMIER, sans y ajouter la qualification de *Bijoutier* , puis ensuite la lettre A, et enfin la somme, soit 858 fr. 45 ; on retient ces trois désignations en mémoire, qui sont : le nom, la lettre et la somme, et de là on revient sur le Grand-Livre Compte Courant pour y revoir d'abord le nom, afin de ne pas porter l'article à un autre compte, et ensuite la colonne de la lettre nommée, soit la colonne A, pour y écrire la somme de 858 fr. 45 ; dès que la somme est écrite, on rappelle la lettre *a,* que l'on écrit aussi pour faire remarquer la place de l'intérêt dans la petite colonne qui sépare le Crédit des valeurs du Débit des intérêts, puis aussitôt on reporte la valeur qui est écrite à la colonne A, dans la dernière colonne nommée SITUATION, précédée d'une lettre A, comme avoir, ce qui se répète à chaque article pour savoir ce qu'est la position du compte ; lorsqu'il y a déjà un crédit, on y ajoute ce second crédit et lorsqu'il y a déjà un débit et que le second article est un crédit, on le déduit de cette situation qui est constamment en permanence ; après ce, on remplit le texte de la ligne qui est en blanc ; alors, pour opérer, on met en marge du compte d'abord la lettre E, indiquant le livre de Bordereaux d'entrées, ensuite le folio du livre, soit 1 ; après ce, on écrit l'année, le mois, la date et la lettre A, indiquant le crédit, puis le libellé soit : son Bordereau de 2 effets ; lorsque le libellé est écrit on met dans la colonne intitulée année, mois et date des Échéances, soit : janvier le 3, et ensuite comme cet article est le premier du compte, c'est-à-dire le départ, on écrit dans la colonne intitulée nombre de jours, le mot ÉPOQUE ; après ce, on rappelle la lettre de la colonne où est la somme, soit A et ensuite la somme, soit 858 fr. 45, et de là on retourne sur le petit livre de Répétition qui est à droite, pour écrire à la colonne A, cette somme nommée; dès qu'elle est écrite, on met en marge aussitôt, le folio du Grand-Livre et on rappelle la somme, puis on retourne sur le livre de Bordereaux d'entrées pour la revoir et mettre à sa gauche un point qui précise sa vérification; dès que le point est mis, on reprend les autres articles qui suivent : ici il n'y en a pas d'autres, alors on additionne sur le petit livre de Répétitions au-dessous d'une ligne que l'on tire à l'encre, les sommes qui y figurent ainsi que le total et 5,901 fr. 60c., qui provient du Grand-Livre et qui doit être le même que celui du Bordereau d'entrées provenant des opérations de la journée, indiqué à la dernière colonne intitulée : Totaux nets des valeurs; après ce, on met le livre de Bordereaux d'entrées de côté, et on reprend celui de sortie qui vient après, pour opérer de même.

DU LIVRE DE BORDEREAUX DE SORTIES, SUR LE GRAND-LIVRE COMPTE COURANT.
Au 3 Janvier.

Ainsi on regarde sur le livre de Bordereaux de sorties, au premier article, là on voit le nom du COMPTOIR NATIONAL et en marge à gauche, le folio du compte, soit f° 5, on se reporte aussitôt à ce folio au Grand-Livre Compte Courant pour y ouvrir le compte ainsi qu'il a été fait aux comptes précédents, c'est-à-dire que l'on écrit en tête du compte en lettres saillantes, d'abord le nom, soit le COMPTOIR, puis en plus petit, le mot National, et au dessous le nom de la ville, soit PARIS ; dès que le compte est ouvert, on rappelle du Grand-Livre Compte Courant, le nom du commettant et sa qualification, soit : le COMPTOIR National, puis de là on retourne sur le livre de Bordereaux de sorties, pour s'assurer de ce même nom, et dès qu'il est reconnu, on met à sa gauche, près de la lettre D qui le désigne, un point précisant sa vérification. Dès que le point est mis, on rappelle aussi du livre de Bordereaux de sorties, d'abord le nom, soit le COMPTOIR seulement et ensuite la lettre D indiquant le Débit, puis la somme, soit 3,792 fr. 24 c.; aussitôt on retourne au Grand-Livre Compte Courant, pour revoir d'abord, le nom du compte, afin de ne pas écrire l'article à un autre compte, et ensuite la colonne indiquée par la lettre nommée, soit la colonne Doit, et là on écrit, avant tout, la somme qui est aussi nommée, soit 3,792 fr. 24 c.; dès que cette somme est écrite, on rappelle la lettre de la colonne où elle est posée, soit la lettre D, puis on l'écrit dans la petite colonne qui sépare le Crédit des valeurs du Débit des intérêts, afin de marquer la place où doit se porter l'intérêt; en même temps on répète à la dernière colonne nommée Situation, précédée de la lettre D, le montant de la valeur, afin de faire connaître en ouvrant le livre, la situation réelle du compte, moins les intérêts qu'on y ajoute à chaque arrêté de compte ; après ce, on remplit le texte de la ligne laissée en blanc, en écrivant en marge du compte, d'abord la lettre S indiquant le livre de Bordereaux de sorties, puis le fo 1 indiquant la page du livre de Bordereaux de sorties ; à la suite, on écrit la lettre D, désignant le Débit, puis le libellé soit : mon bordereau net, et à la suite du libellé, on écrit d'abord dans la colonne intitulée : année, mois et date des échéances, la date de la valeur, soit janvier le 3, mais comme cette date est celle du départ du compte, on écrit dans la colonne qui y fait suite intitulée nombre de jours, le mot : Époque, attendu que c'est de cette Époque que doivent partir tous les intérêts ; après ce, comme cette valeur ne se calcule pas puisque c'est l'Époque, on rappelle immédiatement du Grand-Livre Compte Courant, d'abord la lettre de la colonne où est la valeur, soit la lettre D, comme Débit, et ensuite, la somme soit 3,792 fr. 24 c., que l'on reporte immédiatement sur le petit livre de Répétitions qui est à droite du Grand-Livre, à la colonne indiquée par D ; en même temps que l'on pose la somme, on écrit en marge du livre de Répétitions, le folio de la page du Grand-Livre où est le compte, soit 1 ; après ce, on rappelle la somme du livre de Répétitions et on retourne à gauche, sur le livre de Bordereaux de sorties, pour la revoir et mettre dans le double filet qui la précède, un point qui précise sa vérification ; après ce, on passe les autres articles qui suivent, ici il n'y en a pas d'autres dans cette journée ; alors, on met ce livre de Bordereaux de sorties de côté, et on reprend en dernier lieu le livre de Caisse Générale pour en passer de la même manière les écritures de la journée sur le Grand-Livre Compte Courant et sur le livre de Répétitions.

Exemple : *Des écritures de la Caisse Générale (2e partie), au Grand-Livre (3e partie) et Livre de Répétitions (4e partie).*

Au 3 Janvier.

Pour opérer, on regarde sur le livre de Caisse Générale des Exercices, et là, on voit au premier article, le nom de Caisse Capital, puis en marge, le fo 1 ; on se reporte donc aussitôt au Grand-Livre Compte Courant, à la page indiquée par le folio, puis on y ouvre le compte, c'est-à-dire que l'on écrit en tête du compte, en lettres saillantes, le mot : Caisse Capital ; aussitôt écrit, on rappelle du Grand Livre, le nom : Caisse *Capital*, de là, on retourne sur le livre de Caisse Générale, pour revoir le même nom et la qualification du nom ; dès que le nom et la qualification sont reconnus, on met un point à gauche, près de la lettre A, qui les désigne et ensuite on rappelle du livre de Caisse Générale, d'abord le nom de Caisse Capital, puis la lettre A, et ensuite la somme, soit 135,000 fr. ; aussitôt, on revient sur le Grand Livre Compte Courant, pour revoir ce même nom, afin de ne pas porter à un autre compte ce qui appartient à celui-ci ; dès que la somme est écrite, on répète à la dernière colonne intitulée : Situation du compte, cette même somme, puis on remplit au Grand-Livre le texte de la ligne laissée en blanc, en écrivant en marge du compte, d'abord la lettre C, représentant Caisse *Générale*, puis le folio de la Caisse *Générale*, soit f° 1, et ensuite la lettre A, pour Avoir, puis le libellé, soit son versement en espèces, et on rappelle aussitôt du Grand-Livre Compte Courant, d'abord la lettre de la colonne où est la somme, soit A, puis ensuite la somme, soit 135,000 fr. et on retourne à droite sur le petit livre de Répétitions, pour y écrire à la colonne A, la somme nommée ; aussitôt écrite, on met en marge de ce livre de Répétitions, le folio du Grand-Livre où se trouve le compte.

Observation : *La date ne se met qu'au premier article qui commence la journée.* Après ce, on rappelle la somme de 135,000 fr. et on retourne sur le livre de Caisse *Générale*, pour la revoir, et mettre à sa gauche un point qui précise sa vérification ; après ce, on continue dans le même principe, les opérations qui suivent, ici il n'y en a pas d'autres.

DU LIVRE JOURNAL GÉNÉRAL.

Au 3 janvier.

Pour passer les écritures au Journal général, on reprend les deux petits livres de Répétitions, soit celui de Bordereaux d'entrées et de sorties, soit celui de Caisse Générale, que l'on met à sa gauche, puis le livre Journal général des exercices devant soi ; après ce, on enregistre collectivement, les écritures de ces deux petits registres, sur le livre Journal qui doit, selon la loi, présenter jour par jour, comme contrôle de toutes les opérations, les dettes actives et passives, c'est-à-dire ce qui est dû et ce que l'on doit.

Pour opérer, on écrit d'abord sur le Journal à la colonne Avoir, le total des crédits du livre de Bordereaux d'entrées, en mettant à gauche du Journal : 1° l'année, le mois et la date, ainsi que la lettre A, indiquant le crédit, puis le libellé, soit Créditeur par bordereaux, suivant livre de bordereaux d'entrées, et à gauche de la somme posée, de 5,901 fr. 60 c., on écrit dans la petite colonne double, une lettre E qui désigne les sommes provenant des bordereaux ; cette lettre fait remarquer le crédit des bordereaux, c'est-à-dire les valeurs dues aux divers commettants qui ont remis des effets en compte. Ce signe est de convention ; après ce, on enregistre de même le total du Bordereau de sorties, en écrivant d'abord la somme soit 3,792 fr. 24 c. dans la colonne du Débit du Journal, précédée d'une lettre S, dans le double filet, indiquant le Débit des bordereaux, c'est-à-dire provenant du livre de bordereaux de sorties ; après ce, on remplit le texte comme ci-dessus, en écrivant en marge d'abord la lettre S, comme Bordereaux de sorties, puis le folio du livre Journal, ou des guillemets si ce folio y figure déjà, et, ensuite, la lettre D, dans la colonne préparée à ce sujet, indiquant le

Débit, puis ensuite les mots : Débiteurs par bordereaux, suivant livre de Bordereaux de sorties, Doit, soit 3,792 fr. 24 c., précédée d'une petite lettre s, indiquant la sortie des billets en compte courant; après ce, on écrit les articles provenant de la Caisse Générale, sans aucun signe, attendu que nous les considérons comme opérations en compte, c'est-à-dire des soldes, des à-compte, ou des remises en compte, etc. Pour opérer, on écrit en marge du JOURNAL, d'abord des guillemets pour remplacer la date, et ensuite la lettre A, indiquant le crédit, puis le libellé, soit : crédits en compte suivant Caisse Générale; il en est de même pour les autres articles, etc.

Après avoir enregistré les opérations des Débiteurs et des Créditeurs réels et en compte, on écrit sur le JOURNAL général, en dedans du texte, provenant de la CAISSE Générale, les achats et ventes au comptant, soit pour les achats 6,229 fr. 50 c., que l'on fait suivre d'un trait dans la colonne qui précède celle du Débit à la suite du texte; les ventes au comptant s'inscrivent de même, mais en les indiquant par une lettre O, etc. (ici il n'y en a pas), on écrit aussi, comme clôture de la journée, les totaux des Pertes et Bénéfices que l'on trouve sur la CAISSE Générale; ces totaux ne se portent sur le JOURNAL général, que pour se conformer aux prescriptions de la loi, ils doivent fermer les écritures de chaque journée; comme la balance n'a pas lieu ce jour, on continue les opérations de la journée suivante, du 6 janvier.

DES ÉCRITURES DE LA CAISSE GÉNÉRALE (VOIR 2ᵉ PARTIE).

Au 6 Janvier.

Pour opérer, on prend le livre de Caisse Générale de la Méthode, page 113, que l'on met à sa gauche, puis le livre de Caisse Générale des Exercices, que l'on met devant soi; après ce, on copie les écritures du livre de Caisse de la Méthode, telles quelles, sur celui des exercices; ainsi : on remarque au premier article de la journée du 6 janvier, que MM. MAUDUIT et DOLBEC de Paris, nous remettent une Facture argent; alors, on les crédite sur la Caisse Générale de la valeur de cette facture en mettant dans la colonne qui est près de celle des dates, la lettre A majuscule indiquant le Crédit ou l'Avoir ; puis à la suite, le nom de MAUDUIT et DOLBEC (leur facture argent) et enfin au bout de la ligne, on écrit : d'abord, dans la petite colonne près du texte, un trait — qui signifie Marchandises entrées; 2° dans la colonne intitulée TOTAUX DIVERS, le montant de la facture, soit 919 fr., et puis à droite de la somme, dans la petite colonne qui se trouve entre celle des Totaux divers et du Débit de la Caisse, on y écrit la lettre A, qui indique une seconde fois l'Avoir, afin de mieux préciser l'article lorsqu'on le reporte au Grand-Livre; après ce, on en remarque un autre, d'Achat au Comptant; là, le vendeur n'étant pas sujet de l'opération, puisqu'il reçoit le montant de la vente, on le remplace donc par les mots : Achats comptant que l'on fait précéder d'un trait—; le nom du vendeur ne figure ici que comme auxiliaire et ensuite au dessous, on détaille les quantés de marchandises et leur valeur; après ce, on reporte pour Balance à la colonne Avoir de Caisse, cette même somme que l'on fait précéder aussi d'un autre petit trait — ; à la suite, on remarque un autre article de Marbeuf de Bordeaux qui doit, parce que l'on paye à Ruffin, pour son compte; ici, la somme s'inscrit deux fois; la première, dans la colonne Totaux divers, précédée d'une.lettre D comme sujet de l'opération, et la seconde à la sortie de la Caisse comme balance; après ce, on remarque une vente à terme à Latour et Obonel, que l'on écrit dans la colonne Totaux divers, précédée d'une lettre D comme Débit, que l'on fait suivre d'une lettre O, comme Crédit de Marchandises vendues. Au dernier article, on remarque des frais de bureau, que l'on considère comme Pertes, que l'on écrit d'abord dans la colonne intitulée : Totaux divers, précédé d'une lettre P, comme Perte, puis que l'on répète à la colonne Avoir de Caisse, comme Espèces sorties; lorsque toutes les écritures de la journée sont enregistrées sur le livre de Caisse Générale, on arrête les opérations par deux lignes tirées en travers des colonnes, l'une près des dernières opérations, et l'autre à une ligne de distance au dessous; après ce, on additionne entre ces deux lignes, les sommes du Débit et du Crédit de la Caisse, que l'on souligne ensuite, pour y écrire au-dessous, les totaux des Pertes et Bénéfices; soit du livre de Caisse Générale, soit des livres de Bordereaux d'Entrée et de Sortie ; après ce, on fait la Balance de Caisse, et pour opérer on prend sur son petit Livre Brouillon, d'abord la somme des Espèces qu'on y avait encaissée la veille, que l'on remarque au dernier arrêté de la Caisse dans la colonne du texte entre les deux lignes, soit 128,645 fr. 50 c., à laquelle somme, on ajoute celle du Débit de la Caisse de la journée du 6, que l'on remarque à la colonne Doit. A cette première journée, il n'y a pas d'Espèces entrées; alors, on soustrait seulement de la somme qu'il y avait au dernier arrêté, de 128,645 fr. 50 c., celle de la sortie de la Caisse de ce jour, soit 12,735 fr., et la différence qui est de 115,910 fr. 50 c. s'inscrit dans la colonne du texte entre les deux lignes, précédée du mot : Espèces. Après ce, on reprend du livre de Bordereaux d'entrée de la Méthode, pag. 111, la somme des Effets bruts et leur nombre, soit 9 Effets, 6,968 fr. 75 c., que l'on écrit dans la colonne totaux divers, à la Caisse générale de la journée du 3 janvier. On prend en même temps le total du profit des intérêts et agios, 67 fr. 15 c. que l'on porte à la colonne Avoir de Caisse. On reprend aussi du Livre de Bordereaux de sorties, pag. 115, le total brut des Effets sortis et le nombre, soit 4 Effets, 3,818 fr. 75 c., que l'on porte sur la Caisse générale au 3 janvier, à la colonne Totaux divers, plus les pertes des intérêts et agios, 26 fr. 51 c., joints à la perte de la Caisse, ensemble 151 fr. 51 c., puis on fait la Balance du Portefeuille sur la Caisse générale.

DU GRAND-LIVRE COMPTE COURANT (3° PARTIE), CAISSE GÉNÉRALE (2° PARTIE), ET PETIT LIVRE DE RÉPÉTITIONS (4° PARTIE).

Du 6 Janvier.

Pour opérer, on prend le Livre de Caisse Générale des exercices que l'on met à sa gauche, puis le Grand-Livre Compte Courant des exercices, devant soi et le Petit Livre de Répétitions à droite du Grand-Livre; après ce, on prend le Répertoire du Grand-Livre, pour y écrire avant tout, les noms des commettants provenant de la Caisse Générale, ainsi que les folios où ils doivent avoir leur compte au Grand-Livre Compte Courant; ainsi, on remarque sur le livre de Caisse Générale au premier article de la journée du 6, les noms de Mauduit et Dolbec, qui y sont Créditeurs; on écrit ces noms à la page M, du Répertoire, puis on regarde sur le Grand-Livre Compte Courant, à quelle page on doit ouvrir le compte, soit à la page 3; alors, on écrit sur la ligne du nom au Répertoire, le f° 3, puis dans l'une des 5 petites colonnes qui est à gauche, soit dans celle de la lettre A, qui est la première voyelle du nom de Mauduit, on écrit dans cette colonne les deux lettres qui suivent cette voyelle A, soit : ud, et tout à fait en marge, le mot : Paris. On porte de même sur le Répertoire, le nom qui vient après, soit Marbeuf, ainsi que le f° 5 du Grand-Livre, puis, dans la petite colonne A, on y écrit les deux lettres ub; et enfin l'article de Latour et Obonel que l'on écrit également sur le Répertoire à la page L, ainsi que le folio du Grand-Livre Compte Courant où se trouve son compte, soit f° 2, et dans la petite colonne A, les deux lettres to, et en marge : Paris; après ce, on met à l'aide du Répertoire, en marge du Livre de Caisse Générale, à chaque nom, les folios qui indiquent les comptes au Grand-Livre Compte Courant; puis on passe les écritures; pour opérer, on regarde sur le livre de Caisse Générale, au premier article non pointé, soit les noms de Mauduit et Dolbec, on voit par le f° 3, que le compte de Mauduit et Dolbec, doit figurer au f° 3 du Grand-Livre; on s'y reporte aussitôt, et on lui ouvre son compte, en écrivant en tête, en caractère saillant, les noms de Mauduit et Dolbec, et en plus petit : Paris. Dès que les noms sont écrits, ainsi que la demeure ou la qualification des nom, on rappelle Mauduit et Dolbec, ainsi que la qualification, soit Paris; et du Grand-Livre, on revient sur le livre de Caisse Générale, pour revoir ces mêmes noms et la qualification, et, dès que ces noms sont reconnus, on met à gauche, près de la lettre A qui les désigne, un point; et en même temps, on rappelle une seconde fois, le premier nom des deux; soit Mauduit, puis la lettre A, indiquant le Crédit, et enfin la somme, soit 919 fr. Après avoir nommé ces trois désignations, on les retient en mémoire, et de là on revient sur le Grand-Livre Compte Courant, au compte de

4

Mauduit et Dolbec, pour y vérifier d'abord les noms, afin de ne pas porter la somme à un autre compte ; ensuite, on regarde la colonne indiquée par la lettre qui est rappelée, soit la colonne A, pour y écrire la somme nommée, et dès qu'elle est écrite, on rappelle une seconde fois cette lettre A, que l'on écrit en lettres minuscules, dans une petite colonne qui sépare celle du Crédit des valeurs, de celle du Débit des intérêts (cette petite lettre sert à faire connaître dans quelle colonne on doit porter les intérêts de la valeur); après avoir mis la petite lettre *a*, on se reporte à la dernière colonne intitulée situation du compte, pour y répéter la somme de la valeur et y indiquer la situation, c'est-à-dire le solde créditeur que l'on fait précéder d'une lettre majuscule A, comme Avoir ; après ce, on remplit sur le Grand-Livre, la ligne du texte laissée en blanc où se trouve la somme ; pour opérer, on met en marge du compte, d'abord la lettre initiale de la Caisse, soit C, puis le f° de la Caisse, soit 1, ensuite, l'année, le mois et la date, ainsi que la lettre A, indiquant le Crédit, puis le libellé, soit leur facture argent, et dans la colonne des Échéances des valeurs, on y écrit le jour de la réception de la facture, soit le 6 janvier (cette date de la facture est conditionnelle), et comme elle est la première du compte, on écrit dans la colonne intitulée nombre de jours, le mot : Époque, attendu que c'est de cette date nommée Époque, que se calculeront les intérêts de toutes les valeurs jusqu'à l'échéance de chacune. Après avoir mis le mot Époque, on rappelle aussitôt, 1° la lettre de la colonne où est la somme, soit A; 2° la somme, soit 919 que l'on écrit sur le petit livre de Répétition, à la colonne indiquée par A, et dès que la somme est posée, on met en marge de ce livre de Répétition, le f° du Grand-Livre où se trouve inscrite la somme ; puis ensuite, du livre de Répétition, on rappelle la somme et on retourne sur la Caisse Générale, pour la revoir et mettre à sa gauche un point qui précise sa vérification ; dès que le point est mis, on passe à l'article suivant ; ainsi on remarque au second article, Marbeuf de Bordeaux, on voit par le f° 5 qui est en marge, que son compte doit figurer à la page 5 du Grand-Livre Compte Courant, on s'y reporte aussitôt, et là on lui ouvre un compte, c'est-à-dire que l'on écrit en caractère saillant le nom de Marbeuf, et en plus petit le nom de Bordeaux, et ensuite du Grand-Livre, on rappelle le nom de Marbeuf de Bordeaux, puis on revient sur le livre de Caisse Générale qui est à gauche, pour vérifier le nom et mettre un point dans le double filet près de la lettre qui le désigne afin de préciser sa vérification ; en mettant le point, on rappelle une seconde fois le nom de Marbeuf, sans autre désignation, ensuite la lettre A puis la somme, soit 10,000 fr. ; dès que ces trois désignations sont exprimées mentalement, on les retient en mémoire, et on revient sur le Grand-Livre Compte Courant, pour y vérifier d'abord le nom, et y chercher ensuite la colonne de la lettre qui a été rappelée, soit la colonne A, pour y écrire la somme nommée. Dès que cette somme est posée à sa colonne respective, on rappelle encore la lettre de la colonne où elle se trouve, soit *a*, que l'on écrit dans la petite colonne disposée à cet effet qui sépare le Crédit des valeurs du Débit des intérêts; dès que cette petite lettre est écrite, on se reporte à la dernière colonne nommée situation, pour y répéter comme situation du compte, la somme de 10,000 fr. Cette petite lettre à gauche des intérêts est mise pour indiquer à quelle colonne appartiennent les intérêts de chaque valeur.

OBSERVATION. — Si on recevait de MARBEUF un autre Crédit à la suite du premier, on l'ajouterait avec, à la 3e colonne, comme Crédit réel; et si, au contraire, on le Débitait d'une valeur qu'on lui remettrait, on soustrairait cette dernière valeur de la première figurant déjà à la dernière colonne intitulée situation du Compte, et *vice versa*, pour tous les autres comptes.

Dès que la situation est faite, on remplit le texte laissé en blanc (voir l'article qui précède), et ainsi de suite pour les autres qui suivent; après que tous les articles sont portés au Grand-Livre Compte Courant, et que les sommes sont répétées sur le livre de Répétitions, on écrit ces opérations collectives sur le livre JOURNAL Général, qui est le livre de la loi.

DU LIVRE JOURNAL (1re PARTIE), ET LIVRE DES BALANCES PARTIELLES (4e PARTIE).

Du 6 Janvier.

Ainsi qu'il a été dit, on prend le livre de Répétitions de la 4e partie que l'on met à sa gauche, puis le livre JOURNAL Général devant soi, après ce, on passe sur le Journal Général les écritures de la journée du 6 janvier (voir l'instruction de la journée du 3 janvier, page 47). Après avoir écrit les totaux provenant du livre de Répétitions sur le Journal, on reprend au livre de Caisse Générale les sommes des Achats comptant indiqués par des traits — ainsi que les sommes des Ventes au comptant indiquées par des lettres O, que l'on écrit sur le JOURNAL en dedans du texte, indiquées par les mêmes signes; après ce, pour la balance, on arrête sur le JOURNAL Général les écritures de la journée par les sommes de Pertes et Bénéfices, puis on tire une ligne au bout de ces sommes en travers des colonnes, pour désigner les opérations de la journée; et ensuite on fait la balance des 3 et 6 janvier, ainsi qu'il a été convenu.

DE LA BALANCE PARTIELLE (VOIR 4e PARTIE), JOURNAL GÉNÉRAL (1re PARTIE), RÉSUMÉ DE BALANCE PARTIELLE (2e PARTIE).

Des 3 et 6 Janvier.

Il est utile, dans l'exécution pratique, de faire la balance des écritures de chaque jour, le travail n'en est pas plus long, il est même par les additions qui se trouvent préparées sur chaque livre, plus expéditif; mais ici, il est convenu qu'une balance aura lieu tous les deux jours. Pour constituer la Balance partielle, il faut préparer sur le petit livre de Balances partielles les 6 comptes appelés généraux, en les superposant les uns sous les autres comme suit ; tels que : Divers par Bordereaux, Divers par Caisse, Marchandises Générales, Effets à recevoir, Espèces, et Pertes et Bénéfices ; après ce, on prend d'abord du livre Journal Général : 1° les totaux des Divers par Bordereaux indiqués par lettres, précédant les sommes, soit pour les Débiteurs, S, et pour les Créditeurs E (signe de convention) ; ces sommes s'inscrivent au petit livre de Balances, sur la ligne de Divers par Bordereaux, aux deux colonnes Débits et Crédits, soit au Débit 3,792 fr. 24 c. provenant des bordereaux du 3 janvier, soit au Crédit 5,901 fr. 60 c. provenant des bordereaux de sortie, d'entrée de la même journée ; 2° les totaux des Divers par Caisse, Débits et Crédits que l'on remarque sur le Journal Général mais sans aucun signe, que l'on écrit à la Balance, sur la ligne de Divers par Caisse, dans les deux colonnes Débits et Crédits, soit au Débit 10,564 fr. 50 c., soit au Crédit 135,919 fr. ; 3° les totaux des Ventes et Achats que l'on écrit à la Balance sur la ligne de Marchandises Générales, aux colonnes Débits et Crédits, soit au Débit 9,808 fr. 50 c. que l'on trouve sur le Journal Général indiqués par des traits —, figurent dans une petite colonne qui précède celle du Débit, et pour Ventes, 564 fr. 50 c., que l'on trouve sur le Journal Général indiquées par des lettres, soit o dans la même colonne qui précède celle du Débit o; 4° les totaux des Effets entrés et sortis que l'on trouve sur le livre de Caisse Générale provenant des livres de Bordereaux et de la Caisse Générale, qui se trouve réuni à la colonne totaux divers de la Caisse, entre les deux lignes qui arrêtent les opérations (voir la journée du 3 janvier), que l'on porte à la Balance sur la ligne des Effets, aux colonnes Débits et Crédits, soit au Débit 5,968 fr. 75 c., et soit au Crédit 3,818 fr. 75 c.; 5° les totaux des Espèces entrées et sorties que l'on remarque sur la Caisse provenant des deux journées, que l'on porte à la Balance, sur la ligne Caisse, aux deux colonnes Débits et Crédits, soit au Débit 135,000 fr., et soit au Crédit 19,089 fr. 50 c.; 6° les totaux des Pertes et Bénéfices que l'on remarque sur le livre de Caisse à l'arrêté des deux journées, dans les colonnes Débits et Crédits, que l'on porte à la Balance sur la ligne Pertes et Bénéfices, soit aux deux colonnes Débits et Crédits, d'abord au Débit 226 fr. 5 c., au Crédit 67 fr. 15 c.; après avoir récapitulé tous les Totaux des divers livres, on tire une ligne sous les dernières sommes posées, et on additionne ensuite tant au Débit qu'au Crédit, et si les opérations sont justes, les deux totaux additionnés présentent une balance ; après que cette balance est reconnue juste, on écrit en marge des deux totaux : *Balance des 3 et 6 janvier*, puis on décompose cette Balance d'une seule ligne sur le résumé des Balances partielles, en faisant précéder la ligne, des mots ; Balance des 3 et 6 janvier. Voir page 108.

DU LIVRE DE CAISSE GÉNÉRALE (2ᵉ PARTIE).

Du 9 Janvier.

Pour opérer on écrit, du Livre de Caisse générale de la Méthode, pag. 113 sur celui des exercices, les écritures telles quelles, ainsi qu'il a été dit à la journée du 6 janvier, page 47. On remarquera dans cette journée : 1° Une facture Or ; 2° un versement Espèces par le Comptoir national ; 3° un Escompte de 2 effets (on trouve ces deux effets dans ceux qui ont été préparés à l'avance) ; 4° un change de 400 pièces d'Or ; 5° une acceptation d'une Traite de Adancourt, constituant une échéance, c'est-à-dire un billet à payer qui prend le nom d'Échéance ; 6° une vente Or et Argent au comptant ; 7° des frais de registres et frais de maison, pour factures, bois, etc.

Dès que les écritures sont terminées, on arrête la Caisse et on en fait la balance. Pour opérer, on prend sur un petit brouillon, l'argent qu'il y avait en Caisse la veille, que l'on remarque dans la colonne du texte entre deux lignes, soit 115,910 fr. 50 c., à laquelle somme on ajoute celle entrée dans la journée que l'on remarque dans la colonne Doit de Caisse, soit 14,018 fr. 32 c., ensemble au total 129,928 fr. 82 c., duquel total on soustrait celui sorti dans la journée que l'on remarque à la colonne Avoir de Caisse, soit 1,264 fr. 21 c., et la différence, qui est de 128,664 fr. 61 c., s'inscrit entre les deux lignes dans la colonne du texte précédée du mot : Espèces ; après ce on continue les opérations sur le livre de bordereaux d'entrée ; mais, comme il n'y a pas de bordereaux d'entrée ce jour, et qu'il se trouve des effets à la Caisse, on prend les deux effets qui ont été mis de côté en les passant à la Caisse, et on les enregistre sur le Copie d'effets d'entrée.

DU COPIE D'EFFETS D'ENTRÉE (3ᵉ PARTIE).

Du 9 Janvier.

Pour opérer, voir l'Instruction de la journée du 3 janvier, (page 38) sur l'enregistrement des effets au Copie d'effets d'entrée. Après ce on remet les deux effets qui viennent d'être enregistrés dans le portefeuille pour les ressortir lorsqu'on les remettra à ses commettants. Comme il n'y a pas d'autres opérations ce jour, on fait la Balance du Portefeuille sur le livre de CAISSE GÉNÉRALE ; puis on passe les écritures de la journée sur le GRAND-LIVRE Comptes Courants.

DES ÉCRITURES DU LIVRE DE CAISSE (2ᵉ PARTIE), SUR LE GRAND-LIVRE COMPTE
COURANT (3ᵉ PARTIE), LE PETIT LIVRE DE RÉPÉTITION (4ᵉ PARTIE).

Au 9 janvier.

Pour opérer, on met le livre de Caisse Générale à sa gauche et le Grand-Livre
Compte Courant devant soi, puis le livre de Répétition à droite; après ce, on
prend le RÉPERTOIRE du Grand-Livre et on y écrit les noms qui se trouvent sur
le livre de Caisse Générale, soit ceux qui ne figurent pas encore sur le Grand-
Livre Compte Courant, ainsi que les folios des comptes ou ils doivent figurer
au Grand-livre, puis, à l'aide même du RÉPERTOIRE, on foliote sur le livre
de Caisse Générale, les noms qui figurent déjà au Grand-Livre Compte Courant.
Dès qu'ils sont foliotés au livre de Caisse Générale, on passe les écritures comme
il a été dit à la journée du 3 janvier. Pour opérer, on remarque à gauche,
sur le livre de CAISSE GÉNÉRALE, à la date du 9 janvier, le nom de MARBEUF
de *Bordeaux*, qui a fait l'envoi d'une facture Or, on remarque par le fᵒ 5 qui
est en marge du livre de Caisse Générale, que son compte est ouvert à la
page 5 du GRAND-LIVRE, on s'y reporte aussitôt, pour voir le nom, et, dès
qu'il est vu, on le nomme du GRAND-LIVRE, ainsi que sa qualification, soit MAR-
BEUF, *Banquier à Bordeaux*, et de là, on se reporte à gauche sur la CAISSE
Générale, pour s'assurer de ce nom et mettre près de la lettre qui le désigne,
un point précisant sa vérification; en même temps que l'on met le point,
on rappelle encore le même nom, soit MARBEUF, sans y ajouter la qualification), puis ensuite la lettre A, qui désigne l'article, et enfin la somme,
soit 5,200; on retient ces trois désignations en mémoire, puis on reporte
la vue sur le GRAND-LIVRE Compte Courant, pour y voir d'abord le nom et
ensuite la colonne de la lettre A, afin d'y écrire avant tout, la somme nommée
de 5,200 fr.; dès que cette somme est écrite à sa colonne respective sur le
GRAND-LIVRE, on rappelle la lettre de la colonne où elle est écrite, soit A, que
l'on pose en petite minuscule dans la colonne qui sépare le Crédit des valeurs
du Débit des intérêts, ainsi qu'il a été dit. Ces petites lettres font remarquer dans quelle colonne doit s'inscrire l'intérêt de chaque valeur; en même
temps que l'on écrit cette petite lettre, on se reporte à la dernière colonne
nommée Situation, pour y établir la situation du compte, c'est-à-dire le solde:
soit Débiteur, soit Créditeur; là on y remarque une somme déjà portée de
10,000 fr. de solde débiteurs; alors, de cette somme, on soustrait celle du
crédit de ce jour de 5,200 fr., et la différence qui est de 4,800 fr., comme
solde Débit, s'inscrit dans cette dernière colonne au-dessous de 10,000 fr.,
puis à gauche de la somme, qui est la seconde situation, on écrit une
lettre D comme étant le solde Débiteur du Compte. Aussitôt on remplit le

texte de la ligne où est la somme au Grand-Livre ; pour opérer, on écrit d'abord en marge la lettre initiale de la Caisse, soit la lettre C pour Caisse, puis le fᵒ 1 du livre de Caisse, ensuite la date, puis la lettre A comme Avoir, et enfin le libellé, soit : sa Facture Or, et à la suite on écrit dans la colonne des Échéances, la date de la Facture, puis dans la colonne nommée nombre de jours, ce qu'il y a de jours depuis l'Époque jusqu'au 9 janvier; pour connaître le nombre de jours, il faut dire, sur un petit brouillon : du 6 janvier, départ du Compte, que l'on appelle Époque, jusqu'au 9 janvier, réception de la Facture, il y a trois jours, et alors, comme 6 jours représentent l'entier de la valeur pour l'intérêt à 6 0/0, alors 3 jours représentent la moitié de la valeur; ainsi, la moitié de 5,200 fr. est donc de 2,600 fractions, desquelles on retranche un chiffre de millièmes, ensuite deux autres de centièmes ou centimes, soit 2 fr. 60 c. que l'on pose dans la colonne Avoir des intérêts indiquée par la petite lettre a. Dès que l'intérêt est posé, on rappelle du Grand-Livre Compte Courant, d'abord la lettre où se trouve la valeur, soit A, et ensuite la Valeur, soit 2,500 fr., puis de là, on retourne à droite sur le petit Livre de répétitions pour y écrire à la colonne A, cette somme nommée de 5,200 fr. En même temps on écrit en marge du livre de Répétition le folio du Grand-Livre, soit fᵒ 5; aussitôt on rappelle du Livre de Répétition cette somme de 2,500 fr. et on retourne à gauche sur le livre de Caisse Générale pour la revoir et mettre dans le double filet qui la précède, un point précisant sa vérification ; dès que le point est mis, on reprend l'article suivant, soit celui du Comptoir National, et on le passe de la même manière, et ainsi de suite pour tous les autres qui suivent.

Observation. — Il est utile de mettre sur le Petit Livre de Répétitions, au premier article de chaque journée, les lettres initiales et folios des livres auxiliaires.

Après que tous les articles de la journée sont passés au Grand-Livre Compte Courant, et que les sommes sont répétées sur le livre nommé Répétition, on prend le livre Journal, et on y écrit à l'aide du livre de Répétitions, toutes les opérations de la journée.

DU LIVRE JOURNAL (1ʳᵉ PARTIE), LIVRE DE RÉPÉTITION (4ᵉ PARTIE).

Au 9 Janvier.

Pour opérer, voir l'exécution des écritures de la journée du 3 janvier, page 46. La balance n'ayant pas lieu ce jour, on continue les opérations de la journée suivante, du 12 janvier.

DE LA CAISSE GÉNÉRALE (2ᵉ PARTIE).

Au 12 janvier.

On remarque ce jour, sur le livre de Caisse Générale de la Méthode, page 47 cinq articles. On les copie tels qu'ils sont sur le livre de Caisse Générale. (Voir pour l'exécution à la journée du 6, *Janvier*). Ces articles étant copiés, on fait la Balance de Caisse, en additionnant les sommes des deux colonnes Débits et Crédits et en soulignant les deux totaux pour y écrire au-dessous les totaux de Pertes et Bénéfices provenant d'abord de la Caisse Générale et ensuite des livres de Bordereaux d'entrée et de sortie. On voit que pour faire la Caisse de la journée on ajoute au total des entrées du débit de Caisse, s'élevant, à 2,457 fr. 44 c., ce qui s'y trouve à l'arrêté précédent, que l'on remarque dans le texte de la Caisse, soit 128,664 fr. 61 c., ensemble 131,122 fr. 05 c., somme, de laquelle on déduit le total des sorties se trouvant à la colonne avoir de Caisse et s'élevant 4,699 fr. 10 c. La différence qui est de 126,422 fr. 95 c., s'inscrit dans la colonne du texte entre les deux lignes et précédée du mot : En Caisse. On prend ensuite le livre des Bordereaux d'entrée pour les écritures suivantes.

DU LIVRE DE BORDEREAUX D'ENTRÉE (2ᵉ PARTIE).
Au 12 Janvier.

On remarque sur le livre des Bordereaux d'entrée de la Méthode pag. 121, qu'il a été reçu ce jour deux Bordereaux, l'un de Latour et Obonel et l'autre de Adancourt frères, de Paris ; on prend les deux Bordereaux qui ont été préparés à l'avance auxquels sont joints les Effets qui les concernent et que l'on a mis de côté. On copie les Bordereaux sur le livre de Bordereaux d'entrée des exercices et on en fait ensuite les calculs comme il a été dit dans l'instruction à la journée du 3 janvier, page 36. Tous les calculs étant faits, on arrête chaque compte que l'on vérifie avec les Bordereaux préparés à l'avance. On relève en même temps sur un petit Brouillon spécial, le total brut des Effets entrés dans la journée, ainsi que le total des Bénéfices d'intérêt et d'agios. Après ce, on prend le copie des effets d'entrée pour y copier les effets des deux Bordereaux.

DU COPIE D'EFFETS D'ENTRÉE (3ᵉ PARTIE).
Au 12 Janvier.

On prend les effets dépendants des Bordereaux d'entrée de ce jour, qui ont été mis de côté, on les enregistre un à un sur le Copie d'effets, en leur donnant au fur et à mesure, leur folio et leur nᵒ d'ordre ; après ce, on les met dans le portefeuille, c'est-à-dire dans un endroit où on peut les reprendre au besoin comme s'ils étaient dans le portefeuille commercial à 12 compartiments. On prend ensuite le livre de Bordereaux de sortie, pour enregistrer les Bordereaux des effets que l'on remet à ses correspondants.

DU LIVRE DES BORDEREAUX DE SORTIE (2ᵉ PARTIE).
Au 12 Janvier.

On prend les Bordereaux de sortie parmi ceux qui ont été préparés à l'avance, ainsi que les effets qui en dépendent, que l'on trouve dans ceux reçus et mis de côté comme étant dans le Portefeuille ; on copie ces Bordereaux sur le livre de Bordereaux de sortie en y détaillant les effets, après quoi on arrête les écritures de la journée. Ceci fait, on reprend sur le livre de Bordereaux de sortie que l'on inscrit sur un petit brouillon, le total brut des Effets sortis ainsi que le montant des Pertes que l'on répète sur le livre de Caisse Générale pour servir à la Balance et faire le portefeuille. On reprend ensuite les effets qui ont été mis de côté, puis on les enregistre sur le Copie d'effets de sortie.

DU COPIE D'EFFETS DE SORTIE (4ᵉ PARTIE), ET EFFETS (1ʳᵉ PARTIE).

Au 12 janvier.

On prend les effets qui ont été mis de côté provenant du bordereau de sortie, puis on les copie un à un sur le Copie d'Effets, en leur donnant les nᵒ d'ordre de sortie et fᵒ ; après quoi on joint les effets au Bordereau, pour les mettre sous pli et les adresser au commettant. Toutes les écritures étant terminées, on fait ensuite la balance du portefeuille et on passe les écritures de la journée sur le Grand-Livre Compte courant. (Et on fait la balance).

DU GRAND-LIVRE-COMPTE COURANT (3ᵉ PARTIE) ET RÉPÉTITION (4ᵉ PARTIE).

Au 12 Janvier.

On reprend les trois livres auxiliaires : Caisse Générale, livre de Bordereaux d'entrée et livre de Bordereaux de sortie ; on met ces trois livres à sa gauche dans l'ordre suivant : En dessous le livre de Caisse Générale que l'on ouvre à la page où se trouvent les écritures à passer ; sur la Caisse Générale on y met le livre de Bordereaux de sortie ouvert également à la page où se trouvent les écritures à passer ; enfin sur celui-ci, le livre des Bordereaux d'entrée par lequel on commence à passer les écritures au Grand-Livre Compte courant. Cet ordre de placement des livres ne doit jamais être négligé dans la pratique. Avant de commencer les opérations sur le Grand-Livre Compte courant, on inscrit tous les noms des commettants à son Répertoire et le lieu de leur résidence ainsi que les folios des comptes ouverts. Puis du Répertoire, on foliote comme mesure d'ordre dans les écritures, les noms figurant au livre des Bordereaux d'entrée, par lequel on commence, et l'on passe les écritures de ce livre comme il a été dit à la journée du 9 janvier. Dès que les écritures sont passées, on met ce livre de côté ; puis on prend les articles du livre des Bordereaux de sortie en ayant soin avant tout, de folioter les noms et les passer comme il a déjà été indiqué. On met encore ce livre de côté pour passer en dernier lieu les articles figurant à la Caisse Générale. (Voir pour l'exécution à la journée du 6 janvier). Toutes les écritures étant passées au Grand-Livre Compte courant et toutes les sommes répétées sur le livre des Répétitions, on reporte à l'aide de ce dernier, sur le livre Journal-Général, toutes les écritures des journées des 9 et 12 janvier savoir :

DE LA CAISSE GÉNÉRALE (2ᵉ PARTIE).

Au 15 Janvier.

Pour opérer, on copie les écritures du livre de Caisse de la Méthode p. 114, sur celui des exercices, telles qu'elles se trouvent. (Voir pour l'exécution les journées des 3 et 6 janvier page 35). On arrête ensuite la Caisse en faisant les additions d'usage, et on établit la balance de Caisse. Cette opération faite, on reprend le livre des Bordereaux. Ici, il n'y a ni Bordereaux d'entrée, ni Bordereaux de sortie au 15 janvier, mais il y a des effets entrés sur la Caisse Générale, qui ont été mis de côté d'abord, et que l'on reprend pour les entrer sur le Copie d'effets d'entrée. Exemple :

DU COPIE D'EFFETS D'ENTRÉE (3ᵉ PARTIE), ET EFFETS (1ʳᵉ PARTIE).

Au 15 Janvier.

On prend les deux Effets qui ont été mis de côté en les inscrivant sur le livre de Caisse Générale, on les copie un à un sur le Copie d'Effets d'entrée en leur donnant les fᵒˢ et nᵒˢ d'ordre d'usage, on les met encore de côté comme si on les entrait dans le Portefeuille à 12 compartiments, pour les reprendre plus tard lorsqu'il en sera besoin. Comme il n'y a pas d'autres écritures aujourd'hui, on passe les articles de la Caisse Générale sur le Grand-Livre Compte courant.

DU GRAND-LIVRE COMPTE COURANT (3ᵉ PARTIE), ET RÉPÉTITION (4ᵉ PARTIE).

Au 15 Janvier.

On passe les écritures comme aux journées des 3 et 6 janvier, page 40, on les reporte du Grand-Livre sur le livre nommé Répétitions et de ce dernier, sur le livre Journal. Comme la balance de la journée n'a pas lieu, on prend les écritures suivantes :

AU LIVRE DES INVENTAIRES (1ʳᵉ PARTIE).

Au 18 Janvier.

On remarque sur le livre des Inventaires de la Méthode, page 86, les opérations secrètes de la journée du 10 janvier; après avoir pris le livre des Inventaires des exercices, on y écrit à la suite des opérations déjà passées à la date du 18 janvier, ces mêmes articles de la méthode, soit : à N/S Fromentel son versement espèces; on pose la somme dans la colonne totaux divers suivie de la lettre A, et l'on répète cette somme à la colonne doit de Caisse. Voir la Méthode page 87. On continue ensuite les écritures de la même manière.

DE LA CAISSE GÉNÉRALE, PAGE 114 (2ᵉ PARTIE).

Au 18 Janvier.

On opère comme aux journées des 3 et 6 janvier (Voir Méthode, page 47); après quoi on arrête les écritures de la Caisse, on en fait la Balance et l'on reprend pour la continuation de la journée, le livre de Bordereaux; mais on remarque sur la Méthode, p. 121 qu'il n'y a aujourd'hui ni Bordereaux d'entrée, ni Bordereaux de sortie; mais sur la Caisse Générale il y a deux Effets sortis, on les enregistre sur le copie d'effets de sortie. Exemple :

DU COPIE D'EFFETS DE SORTIE (4ᵉ PARTIE).

Au 18 Janvier.

Les deux Effets négociés au livre de Caisse Générale, sont copiés sur le Copie d'Effets de sortie ; après quoi, n'ayant pas d'autres écritures, on passe les opérations de la Caisse Générale, sur le Grand-Livre Compte courant.

DU GRAND-LIVRE COMPTE COURANT (3ᵉ PARTIE), ET RÉPÉTITION (4ᵉ PARTIE).

Au 18 Janvier.

On opère comme aux journées des 3 et 6 janvier (Voir Méthode, page 40); après quoi on porte les sommes sur le livre de Répétitions et l'on passe ces mêmes écritures au Journal comme il a été dit au 6 janvier.

DU LIVRE JOURNAL GÉNÉRAL (1ᵉ PARTIE), RÉPÉTITION (4ᵉ PARTIE).

Au 18 Janvier.

Passer les écritures comme aux journées 3 et 6 (Voir Méthode, page 46), et rapporter ensuite du livre de Caisse Générale, dans le texte du Journal, les achats et ventes comptant ainsi que les Pertes et Bénéfices, puis on fait la balance partielle. (Voir balance, 4ᵉ partie.)

DE LA BALANCE PARTIELLE (4ᵉ PARTIE).

Au 18 Janvier.

Voir pour opérer : les journées des 3 et 6 janvier; après ce, on décompose la balance sur le Résumé des Balances Partielles.

DU RÉSUMÉ DES BALANCES PARTIELLES (2ᵉ PARTIE), LIVRE DE BALANCE (4ᵉ PARTIE).

Au 18 Janvier.

Voir pour opérer : la Balance Partielle et le Résumé des Balances Partielles des 3 et 6 janvier; dès que la Balance du 18 est décomposée au Résumé des Balances Partielles, on continue les opérations de la journée du 21 janvier. page 108.

DU LIVRE DES INVENTAIRES (1ʳᵉ PARTIE).

Au 21 Janvier.

On remarque sur le livre des Inventaires, à la journée du 21 janvier, qu'il a été remis des espèces à la Banque ; on débite sur le livre des Inventaires des Exercices, la Caisse Générale par espèces versées, et on crédite ensuite la Caisse Capitale de sa remise. On continue après les opérations de la Banque, du 21 janvier.

DE LA CAISSE GÉNÉRALE (2ᵉ PARTIE).

Au 21 Janvier.

Voir pour opérer : les journées des 3 et 6 janvier, p. 47.. Après que la Caisse est arrêtée. On reprend le livre des Bordereaux pour continuer les opérations.

DU LIVRE DE BORDEREAUX D'ENTRÉE (2ᵉ PARTIE).

Au 21 Janvier.

Voir pour opérer : la journée du 3 janvier, page 36. Après que le livre de Bordereaux d'entrée est arrêté, on passe au Copie d'effets d'entrée.

DU COPIE D'EFFETS D'ENTRÉE (3ᵉ PARTIE).

Au 21 Janvier.

Voir pour opérer : le Copie d'effets d'entrée des journées du 3 janvier, après ce, on passe au livre de Bordereaux de sortie.

DU LIVRE DE BORDEREAUX DE SORTIE (2ᵉ PARTIE).

Au 21 Janvier.

Voir pour opérer : la journée du 3 janvier, page 39. Après que toutes les écritures auxiliaires de la journée sont enregistrées, on passe les écritures sur le Grand-Livre Compte courant.

DU GRAND-LIVRE COMPTE COURANT (3ᵉ PARTIE), ET RÉPÉTITION (4ᵉ PARTIE).

Au 21 Janvier.

Ainsi qu'il a été dit à la journée du 3 janvier, les écritures auxiliaires doivent toujours se passer dans le même ordre en commençant par le livre de Bordereaux d'entrée, puis celui de sortie et ensuite la Caisse Générale. Après que les écritures sont passées et répétées sur le livre de répétitions, on porte les écritures de ce dernier sur le livre Journal, ainsi qu'il a été dit à la journée du 6 janvier.

DU LIVRE JOURNAL GÉNÉRAL (1ᵉʳ PARTIE), ET RÉPÉTITION (4ᵉ PARTIE).

Au 21 Janvier.

Voir pour opérer : les journées des 3 et 6 janvier. Comme il est convenu que les Balances n'auront lieu que par deux journées à la fois, on continue les opérations de la journée suivante, soit le 24 janvier ; on se reporte donc sur le livre des Inventaires de la Méthode, pag. 87) pour écrire sur celui des exercices.

DU LIVRE D'INVENTAIRE (OPÉRATION PERSONNELLE), 1ʳᵉ PARTIE.

Au 24 Janvier.

On crédite N/S Durozier de sa remise, et par contre on débite la Caisse Capitale qui a reçu les espèces versées ; après ce, on continue les écritures de la Banque.

DE LA CAISSE GÉNÉRALE (2ᵉ PARTIE).

Au 24 Janvier.

Voir pour opérer : les journées des 3 et 6 janvier. On passe les écritures des livres de Bordereaux au Grand-Livre Compte courant ; mais comme il n'y a pas d'Effets d'entrée ni de sortie, ce jour, on passe de suite les écritures du livre de Caisse Générale sur le Grand-Livre Compte courant.

DU GRAND-LIVRE COMPTE COURANT (3ᵉ PARTIE), RÉPÉTITION (4ᵉ PARTIE).

Au 24 Janvier.

Voir pour opérer : les journées des 3 et 6 janvier pag. 40. Après que les écritures ont été passées comme il a été dit, on porte celles du livre de répétition sur le journal.

DU LIVRE JOURNAL GÉNÉRAL (1ʳᵉ PARTIE), RÉPÉTITION (4ᵉ PARTIE).

Au 24 Janvier.

Voir pour opérer : les journées des 3 et 6 janvier, pag. 46. Après que les écritures sont passées sur le Journal, on reprend du livre de Caisse Générale, les achats et ventes au comptant, ainsi que les Pertes et les Bénéfices que l'on porte collectivement sur ce journal général, comme clôture de la journée. Après ce, comme il y a deux journées d'opérations, on fait la Balance Partielle.

DE LA BALANCE PARTIELLE (4ᵉ PARTIE).

Au 21 et 24 Janvier.

Voir pour opérer : la Balance des 3 et 6 janvier, pag. 51. Dès que cette Balance est faite, on la décompose sur le Résumé des Balances partielles.

DU RÉSUMÉ DE BALANCES PARTIELLES (2ᵉ PARTIE).

Au 24 Janvier.

Voir pour opérer : la balance du 6 janvier. Après cette opération, on passe aux journées suivantes.

DE L'INVENTAIRE GÉNÉRAL (1ʳᵉ PARTIE).

Au 27 Janvier.

Débiter les Actions de la ville de Paris, sur le livre des Inventaires des exercices du 27 janvier ; Débiter aussi les Actions du chemin de fer de Lyon ; après ce, on continue les opérations de la Banque.

DE LA CAISSE GÉNÉRALE (2ᵉ PARTIE).

Au 27 Janvier.

Voir pour opérer : les journées des 3 et 6 janvier. Après avoir enregistré les opérations de la Caisse Générale, on passe aux livres de Bordereaux ; mais comme il n'y a pas de Bordereaux d'entrée ce jour, on prend le livre de Bordereaux de sortie (1). Voir à la suite de de l'introduction paragraphe 3.

DU LIVRE DE BORDEREAUX DE SORTIE (2ᵉ PARTIE).

Au 27 Janvier.

Voir pour opérer : la journée du 3 janvier, pag. 39. Après ce, on enregistre les effets au Copie d'effet de sortis.

DU COPIE D'EFFETS DE SORTIE (4ᵉ PARTIE).

Au 27 Janvier.

Voir pour opérer : la journée du 3 janvier, pag. 39. Après ce, on envoie sous plis les bordereaux et les effets à son correspondant ; n'ayant pas d'autres opérations ce jour, on passe les écritures du Bordereau de sortie et de la Caisse Générale, sur le Grand-Livre Compte courant.

DU GRAND-LIVRE COMPTE COURANT (3ᵉ PARTIE), RÉPÉTITION (4ᵉ PARTIE).

Au 27 Janvier.

Voir pour opérer : la journée du 3 janvier ; après ce, on passe les écritures au Grand-Livre Compte courant, puis on les reporte à l'aide du petit livre de répétition sur le livre Journal ; on écrit aussi sur ce dernier les achats et les ventes au comptant provenant de la Caisse Générale, ainsi que les Pertes et Bénéfices qui clôturent la journée.

---

(1) Les Marchandises en consignations ne se portent sur les livres que comme note, on ne les crédite qu'à la vente, il en est de même pour les bordereaux que l'on reçoit pour encaissement.

DU JOURNAL GÉNÉRAL (1er PARTIE), RÉPÉTITION (4e PARTIE).

Au 28 Janvier.

Voir pour opérer : les journées des 3 et 6 janvier ; après que les écritures sont passées au journal, ne faisant pas encore la balance, on continue les journées suivantes ; mais, avant tout, on se reporte sur le livre d'Inventaire de la Méthode, pag. 87, pour les opérations secrètes.

DU LIVRE D'INVENTAIRE (1re PARTIE) ET RÉPÉTITION (4e PARTIE).

Au 30 Janvier.

On remarque sur le livre des Inventaires, pag. 87, qu'il a été vendu des actions du chemin de fer de Lyon ; alors on crédite le compte d'actions de la valeur et on entre les espèces à la Caisse. On débite aussi N/S Fromentel, de son prélèvement, de même que N/S Durozier, par le crédit de la Caisse. Il a été convenu que les écritures personnelles provenant du livre d'Inventaire, ne se passeraient au petit Grand-livre personnel que tous les mois. Nous commençons ici.

DU GRAND-LIVRE PERSONNEL (4e PARTIE), ET LE LIVRE DE RÉPÉTITION (2e PARTIE).

Au 30 Janvier.

Pour opérer : on pose le livre d'Inventaire à sa gauche, le petit Grand-Livre devant soi et le livre de Répétition à droite, puis on passe les écritures comme il a été dit pour le Grand-Livre Compte courant ; après ce, on établit la balance des opérations secrètes. Pour opérer, on tire une ligne sous les dernières sommes du livre de Répétition, puis on additionne les totaux que l'on fait précéder du mot divers, et on constitue sur ce petit livre, trois comptes généraux particuliers, que l'on écrit superposés les uns sous les autres, tels que : Divers, Espèces, Pertes et Bénéfices, puis on fait la balance. Pour ce, on écrit sous les totaux des Divers, ceux de la Caisse générale, puis des Pertes qui y sont indiquées par P, et des bénéfices, qui y sont indiqués par B ; après ce, on attend que la Balance Mensuelle de la Banque soit faite, pour les porter toutes les deux, sur le Résumé mensuel.

DU LIVRE DE CAISSE GÉNÉRALE (2e PARTIE).

Au 30 Janvier.

Voir : pour opérer les journées des 3 et 6 janvier, pag. 47 Après avoir arrêté la Caisse Générale, on passe au livre des Bordereaux d'entrée, puis du livre de Bordereau, d'entrée sur le copie d'effets, voir pag. 36, pour l'article Mercereau.

DU LIVRE DE BORDEREAUX D'ENTRÉE (2ᵉ PARTIE).

Au 30 Janvier.

Voir pour opérer : la journée du 3 janvier, pag. 36. Après avoir arrêté le livre des Bordereaux d'entrée, on passe les effets qui en dépendent au Copie d'effets d'entrée.

DU COPIE D'EFFETS D'ENTRÉE (3ᵉ PARTIE).

Au 30 Janvier.

Voir pour opérer : le copie d'effets d'entrée de la journée du 3 janvier pag. 3⁵). Après ce, on remet les effets de côté comme s'ils étaient dans le portefeuille ; puis on reprend le livre de Bordereaux de sortie.

DU LIVRE DE BORDEREAUX DE SORTIE (2ᵉ PARTIE).

Au 30 Janvier.

Voir pour opérer : la journée du 3 janvier, pag. 39. Après ce, on passe les effets du Bordereau, sur le Copie d'effets de sortie, et on les renvoie sous enveloppe, avec le Bordereau qui en dépend, à son commettant ; toutes les écritures auxiliaires étant terminées ce jour on les passe au Grand-Livre Compte courant.

DU GRAND-LIVRE COMPTE COURANT (3ᵉ PARTIE), RÉPÉTITION (4ᵉ PARTIE).

Au 30 Janvier.

Pour opérer : voir la journée du 3 janvier, page 40. Après que toutes les écritures sont passées du Grand-Livre Compte courant sur le livre des Répétitions, on les reporte du livre de Répétitions sur le livre Journal, ensuite on reprend du livre de Caisse Générale, les Achats et les Ventes au comptant, ainsi que les pertes et bénéfices, que l'on reporte aussi au Journal.

DU LIVRE JOURNAL GÉNÉRAL (1ʳᵉ PARTIE), RÉPÉTITION (4ᵉ PARTIE).

Au 30 Janvier.

Pour opérer : voir les journées des 3 et 6 janvier ; après que toutes les écritures sont portées ; ainsi que les Achats et les Ventes au comptant de même que les Pertes et Bénéfices, on constitue la balance partielle des 2 journées.

DU LIVRE DE BALANCES PARTIELLES (4ᵉ PARTIE), LIVRE — JOURNAL (1ʳᵉ PARTIE).

Au 30 *Janvier.*

Voir pour opérer : la balance du 6 janvier, page 51 ;. Dès que la balance partielle est terminée, on la décompose sur le livre Résumé des balances partielles.

DU RÉSUMÉ DES BALANCES PARTIELLES (3ᵉ PARTIE).

Au 30 *Janvier.*

Voir pour opérer : la Balance du 6 janvier, pag. 51. Après que cette dernière Balance au 30 janvier est terminée et décomposée, on tire une ligne sous les dernières sommes posées, puis on additionne au-dessous de cette ligne les sommes de toutes les colonnes ; après ce, on constitue sur le Petit livre de Balance Partielle, une Balance Mensuelle, c'est-à-dire du mois. Voir page 164.

DU PETIT-LIVRE DE BALANCES PARTIÈLLES (4ᵉ PARTIE).

Au 30 *Janvier.*

Pour faire la Balance du mois, il faut écrire sur le petit livre de Balances Partielles, placés les uns sous les autres, les différents comptes qui suivent : 1° Divers par Bordereaux ; 2° Divers en compte ; puis, à une ligne de distance plus bas, on réunit en un seul compte, les Divers par Bordereaux et les Divers en compte, précédés du mot : *Divers;* et au dessous : *Marchandises, Effets, Caisse Générale, Pertes* et *Bénéfices.* Après ce, on reprend du Résumé des Balances partielles : 1° les totaux, Débits et Crédits du compte *Divers* par Bordereaux, que l'on écrit à la Balance sur la ligne de Divers par Bordereaux ; 2° les totaux des Débits et Crédits en compte que l'on écrit à la Balance, sur la ligne de Divers en compte ; après ce, on tire une ligne au-dessous de ces sommes que l'on additionne sur la ligne de *Divers.* (*Les Divers par Bordereaux et les Divers par compte ne font plus à la balance mensuelle qu'un compte de Divers*); 3° les totaux, Débits et Crédits de Marchandises que l'on écrit à la Balance sur la ligne de Marchandises Générales ; 4° les totaux, Débits et Crédits des effets que l'on écrit à la Balance sur la ligne d'Effets à recevoir ; 5° les totaux, Débits et Crédits de la Caisse que l'on écrit à la Balance sur la ligne de Caisse nommée Espèces ; 6° les totaux, Débits et Crédits de Pertes et Bénéfices que l'on écrit à la Balance sur la ligne de Pertes et Bénéfices. Après avoir récapitulé toutes les sommes, on tire une ligne sous les dernières posées, puis on additionne au dessous les sommes provenant des cinq comptes généraux : *Divers, Marchandises, Effets, Espèces, Pertes* et *Bénéfices,* et si les écritures sont justes, les deux totaux doivent être égaux, c'est-à-dire se balancent. Dès que cette balance est reconnue juste, on écrit en marge et à gauche, les mots : Balance de janvier ; puis, pour mieux préciser la balance de janvier, on tire au dessous comme au dessus, un double filet, ensuite on la décompose en une seule ligne horizontale, sur le livre Résumé des Balances Mensuelles et Générales, qui est un des livres secrets, tenu par le chef de maison ou l'un des associés.

DU RÉSUMÉ DES BALANCES MENSUELLES ET GÉNÉRALES (1ᵉʳ PARTIE).

Au 31 Janvier.

Pour inscrire les Balances du mois sur ce livre, on y décompose d'abord celle provenant des écritures de notre Banque, en y inscrivant les totaux dans chacune des colonnes auxquelles ils appartiennent; après ce, on décompose de même la Balance des écritures secrètes provenant du livre des Inventaires, ensuite on tire une ligne en travers des colonnes sous les dernières sommes posées, et on additionne sous cette ligne les sommes provenant de l'Inventaire conjointement avec celle des deux Balances qui y ont été décomposées; puis, à l'aide des divers totaux additionnés, on constitue au bas du Résumé, une Balance de situation de janvier, représentant en quelque sorte un Inventaire Général permanent, qui se répète de même à chaque fin de mois.

DU RÉSUMÉ ET DE LA BALANCE DE SITUATION D'INVENTAIRE (1ᵣᵉ PARTIE).

Au mois de Janvier.

Pour l'exécution de cette balance de situation, on écrit au bas du Résumé, superposés les uns sous les autres, les six comptes Généraux: Divers, Marchandises, Effets, Espèces, Pertes et Bénéfices, puis Capital. On écrit sur la ligne du compte intitulé Divers, les totaux Débits et Crédits du compte Divers, que l'on voit figurer en tête du Résumé des Balances Mensuelles et Générales, soit au Débit 965,270 fr. 95 c., soit au Crédit 1,160,224 fr. 97 c. Sur la ligne du compte Marchandises Générales, on écrit la différence qu'il y a entre le total des marchandises entrées en magasin et le total de la marchandise sortie; ici cette différence est de 26,612 fr. 64 c., somme à laquelle on ajoute le 20 %, de bénéfices que l'on suppose sur la Marchandise vendue, en multipliant le total des ventes par 20 et en retranchant 2 chiffres à droite représentant les centimes, soit ensemble au total : 34,841 fr. 24 c. que l'on écrit sur la ligne des marchandises à la colonne Doit de la situation; après ce, on écrit aussi sur la ligne des effets à recevoir, à la colonne Doit, la différence qu'il y a entre le total des effets sortis et ceux entrés, soit ici : 11,904 fr. 95 c. Au dessous, sur la ligne des Espèces, à la colonne Doit, on écrit de même la différence qu'il y a entre le total des Espèces sorties et celles entrées, soit : 141,660 fr. 53, puis on reprend le total des bénéfices trouvés sur la marchandise vendue, à 20 %, soit ici : 8,228 fr. 60 c. auquel on ajoute le total des bénéfices que l'on

remarque sur le résumé à la colonne Avoir des bénéfices, soit : 583 fr. 60 c...,
ensemble... 8,812 fr. 20 c. somme de laquelle on déduit celle provenant de la
colonne de Pertes que l'on remarque aussi en tête du Résumé des balances à la
colonne Doit, soit : 2,959 fr. 50 c. et la différence qui en résulte, si elle se
trouve en faveur des bénéfices, s'inscrit à la colonne Avoir de la situation, sur
la ligne de Pertes et Bénéfices ; soit ici 5,852 fr. 70 c. On rapporte ensuite à la
balance les totaux qui se trouvent sur la ligne du Capital des situations précé-
dentes provenant de l'Inventaire. Après ce, on tire une ligne sous les dernières
sommes posées et on additionne tant au débit qu'au crédit pour obtenir par
les deux totaux, la balance de la situation du mois de janvier. Toutes les autres
balances de mois qui suivent se font de la même manière.

Lorsque la balance générale est faite, le Gérant du Capital rapporte sous le
total des espèces qui lui restent en Caisse, sur le livre des Inventaires de fin de
mois, le total de la Caisse Générale de notre Banque, puis il les additionne pour
voir si les deux totaux représentent celui indiqué par le Résumé Général des
balances.

OBSERVATION. — On peut si on le veut, jusqu'à ce qu'on soit bien au courant du mécanisme que
l'on emploie pour rapporter les écritures au Grand-Livre, car c'est là où la plus grande attention doit
être observée par les comptables pour éviter les erreurs, relever à la fin de chaque mois les soldes
Débiteurs et Créditeurs du Grand-Livre Compte courant qui se contrôlent par les Livres de Répétitions ou par le Résumé des Balances Partielles quand il n'y a qu'un Grand-Livre ; lorsque le principe est bien observé et suivi ponctuellement, il y a impossibilité de commettre aucune faute dans
les chiffres. Pour relever les soldes Débiteurs et Créditeurs du Grand-Livre-Compte-Courant, on tire
à la fin de chaque mois, une petite ligne à droite ou à gauche de la dernière somme du mois, pour
marquer l'arrêté des écritures de ce mois.

DU LIVRE D'INVENTAIRE (1re PARTIE).

Au 5 Février.

On regarde sur la Méthode, pag. 87, une vente d'action de la ville de Paris,
que l'on écrit au livre d'Inventaire des exercices telle qu'elle s'y trouve.

DE LA CAISSE GÉNÉRALE (2e PARTIE).

Au 5 Février.

On remarque sur la Caisse Générale de la Méthode, pag. 116, plusieurs articles ; on les copie tels qu'ils sont sur le livre de Caisse Générale des Exercices ;
après que les écritures sont enregistrées, on arrête le Caisse, puis on additionne les totaux Débits et Crédits que l'on souligne. Après ce, on fait la balance de la Caisse. Voir la journée des 3 et 6 janvier. Puis on continue les
opérations sur le livre de Bordereaux d'entrée.

DU LIVRE DE BORDEREAUX D'ENTRÉE (2ᵉ PARTIE).

Au 5 Février.

On enregistre les deux Bordereaux comme il a été dit à la journée du 3 janvier, pag. 36. Après que tous les calculs du livre de Bordereaux sont faits, que chaque compte a été arrêté et que les totaux de la journée sont indiqués, on écrit sur un petit livre Brouillon le total brut des effets entrés et le total des Bénéfices, puis on reporte ces sommes sur le livre de Caisse Générale, pour faire la Balance du portefeuille; ainsi qu'il a été dit à la journée du 3 janvier, puis on reprend le livre de Copie d'effets d'entrée pour y enregistrer les effets de ce jour.

DU COPIE D'EFFETS D'ENTRÉE (3ᵉ PARTIE).

Au 5 Février.

Voir pour opérer : la journée du 3 janvier, pag. 38). Après avoir copié les Effets et leur avoir mis les numéros, on les classe dans le portefeuille, c'est-à-dire qu'on les met de côté comme s'ils étaient dans le portefeuille. Après ce on prend le livre de Bordereaux de sortie; mais comme il n'y a pas de Bordereaux de sortie ce jour, on passe les écritures de la journée sur le Grand-Livre Compte courant.

DU GRAND-LIVRE COMPTE COURANT (3ᵉ PARTIE).

Au 5 Février.

Voir pour opérer : la journée du 3 janvier, pag. 40. Après que les écritures sont passées au Grand-Livre et Répétées au livre de Répétition, on reprend le livre Journal.

DU LIVRE JOURNAL GÉNÉRAL (1ʳᵉ PARTIE) ET RÉPÉTITION (4ᵉ PARTIE).

Au 5 Février.

Voir pour opérer : les journées des 3 et 6 janvier, pag. 46. Puis on reprend du livre de Caisse Générale les achats et ventes ou comptant, ainsi que les pertes et bénéfices que l'on porte au Journal; mais comme on ne fait pas la balance ce jour, on continue les opérations suivantes.

DE LA CAISSE GÉNÉRALE (2ᵉ PARTIE).

Au 8 Février.

Voir pour opérer : les journées des 3 et 8 janvier, pag. 35. Après ce, on reprend le livre de Bordereaux d'entrée; mais comme il n'y a pas d'effets ni entrées ni sorties ce jour, on passe seulement les écritures de la Caisse Générale au Grand-Livre Compte courant.

DU GRAND-LIVRE COMPTE COURANT (3ᵉ PARTIE), RÉPÉTITION (4ᵉ PARTIE).

Au 8 Février.

Voir l'exécution de la journée du 6 janvier (pag. 40), opération de la Caisse Générale. Après avoir porté les écritures au Grand-Livre et répétées au livre de Répétitions, on complète, à l'aide de ces deux derniers livres, les écritures actives et passives du Livre Journal.

DU LIVRE JOURNAL GÉNÉRAL (1ʳᵉ PARTIE), RÉPÉTITION (4ᵉ PARTIE).

Au 8 Février.

Voir, pour l'exécution, les journées, (pag. 46), en même temps on reprend aussi les Achats et les Ventes comptant du livre de Caisse Générale, ainsi que les Pertes et Bénéfices pour les écrire dans le texte du Journal Général comme il a été dit à la journée du 6 janvier ; après ce, on fait la Balance des deux journées.

DE LA BALANCE PARTIELLE (4ᵉ PARTIE).

Au 8 Février.

Voir, pour opérer, la Balance de la journée du 6 janvier, (pag. 51). Après ce, on décompose la Balance sur le Résumé des Balances partielles.

DU RÉSUMÉ DES BALANCES PARTIELLES (3ᵉ PARTIE).

Voir, pour opérer, le Résumé des Balances de la journée du 6 janvier, (p. 108). Après ce, on continue les opérations suivantes. Comme il y a ici des opérations secrètes, on les reporte sur le livre des Inventaires à la journée du 10 février.

DU LIVRE DES INVENTAIRES (OPÉRATIONS PARTIELLES) (1ʳᵉ PARTIE), RÉPÉTITION (4ᵉ PARTIE).

Au 10 Février.

On écrit du livre d'Inventaire de la Méthode (page 86), sur celui des Exercices, les valeurs remises à la Banque de France ; à cet effet on débite la Banque par la lettre D, et on crédite la Caisse Capital à sa colonne respective. Après ce, on continue les opérations de la Banque du 12 février.

DES LIVRES DE CAISSE GÉNÉRALE, ET LES AUTRES SUIVANTS (2ᵉ PARTIE), etc.

Au 12 Février.

Voir, pour opérer, la journée du 3 janvier (page 35). Après ce, comme il y a deux effets de sortie sur la Caisse Générale, on prend le Copie d'effets de sortie et on les enregistre, puis on reprend par ordre les opérations de la journée : 1° le livre de Bordereaux d'entrée, pour y copier les bordereaux de ce jour, et après que les comptes sont arrêtés, on relève les sommes brutes des effets sur un petit Brouillon, ainsi que le total des bénéfices, afin de les porter à la Caisse Générale comme il a été dit pour le 3 janvier, 2° le Copie d'effets d'entrée pour enregistrer les effets et les mettre en portefeuille; 3° le livre de Bordereaux de sortie où, après y avoir inscrit les bordereaux, on relève aussi les sommes brutes de la journée ainsi que le total des bénéfices afin de les porter à la Caisse Générale ; 4° le livre de Copie d'effets de sortie pour y enregistrer les effets; 5° le Grand-Livre Compte courant et le livre de Répétition sur lesquels on passe les écritures de la journée ; 6° le Journal sur lequel on répète les écritures actives et passives. On continue ensuite les opérations suivantes.

DES LIVRES DE CAISSE GÉNÉRALE ET AUTRES, etc. (2ᵉ PARTIE).

Au 16 Février.

Passer comme aux journées des 3 et 6 janvier, les écritures : 1° de la Caisse Générale; 2° du livre de Bordereaux d'entrée, puis remettre les effets dans le Portefeuille; 4° le Grand-Livre Compte courant et le livre de Répétitions ; 5° le livre journal; 6° le livre de Balances Partielles; 7° le Résumé des Balances Partielles; après ce, on continue les opérations suivantes. On se reporte d'abord au livre d'Inventaire de la Méthode, à la date du 15 février, pour les opérations secrètes, etc.

DU LIVRE DES INVENTAIRES (1ʳᵉ PARTIE), RÉPÉTITION (4ᵉ PARTIE).

Au 16 Février.

On débite la banque des valeurs qu'on lui remet; après ce, on reprend les écritures suivantes relatives à la banque.

DU LIVRE DE CAISSE GÉNÉRALE (2ᵉ PARTIE).

Au 20 Février.

Pour opérer, il faut suivre la marche indiquée à l'article du 16 courant : 1° livre de Caisse; 2° livre de Bordereaux d'entrée; 3° Copie d'effets d'entrée ; 4° livre de Bordereaux de sortie; 5° Copie d'effets de sortie; 6° Grand-Livre Compte courant et livre de Répétitions; 7° livre Journal; 8° Balance Partielle; 9° Résumé des Balances Partielles. Voir la journée du 6 janvier.

Après ce, on continue les opérations suivantes en se reportant d'abord sur le livre d'Inventaire de la Méthode, à la date du 24 février; puis on termine par les opérations secrètes.

DU LIVRE D'INVENTAIRE (OPÉRATION PERSONNELLE) (1re PARTIE).

Au 24 Février.

On remarque que la Caisse Générale de la Banque a versé à la Caisse Capital, 25,000 fr.; on crédite la Caisse Générale; après ce, on continue les écritures des opérations de la banque.

DU LIVRE DE CAISSE GÉNÉRALE (2e PARTIE).

Au 24 Février.

Voir, pour la journée du 16 février et celles de l'exécution des 3 et 6 janvier: 1° la Caisse Générale; 2° les Copies d'Effets d'entrée et de sortie, et les Effets figurant à la Caisse Générale; 3° le livre de Bordereaux d'entrée; 4° le Copie d'effets d'entrée; 5° le livre de Bordereaux de sortie; 6° le Copie d'effets de sortie; 7° le Grand-Livre Compte courant et le livre de Répétition; 8° le Livre Journal; après ce, on continue les opérations de la journée du 28 février.

DU LIVRE DES INVENTAIRES (OPÉRATION PERSONNELLE) (1re PARTIE).

Au 28 Février.

On débite sur le livre des Inventaires des exercices : 1° N/S Fromentel de son prélèvement; 2° N/S Durozier ; on crédite ensuite pour balance N/S Fromentel, de tous ses appointements par le compte de Pertes, et de même, le compte de N/S Durozier; après ce, on balance le compte d'Actions de la ville de Paris, que l'on débite par le compte de bénéfices, de même que les Actions du chemin de fer de Lyon. Puis on balance les intérêts du compte de la Banque d'escompte; ensuite on continue les opérations qui se rattachent à la banque, du 28 courant.

DE LA CAISSE GÉNÉRALE ET DES LIVRES AUXILIAIRES (2e PARTIE).

De la journée du 28 Février.

Pour opérer, voir les journées des 15 et 24 janvier, et celles des 3 et 6 janvier: 1° du Livre de Caisse; 2° du Copie d'Effets d'entrée pour les effets figurant à la Caisse Générale; 3° du Copie d'Effets de sortie pour les Effets sortis de la Caisse; 4° du livre de Bordereaux d'entrée; 5° du copie d'Effets d'entrée; 6° du livre de

Bordereaux de sortie; 7° du Copie d'Effets de sortie; 8° du Grand-Livre Comptes Courants; 9° du Journal général. (Voir pag.   pour le solde de l'article Mercereau.)

Avant de terminer les écritures au Journal de la journée du 28 où il se fait une liquidation, il faut d'abord arrêter tous les comptes du Grand-Livre Comptes courants et en balancer les intérêts suivant leur taux; après ce, faire le relevé de tous les comptes soit intérêts, soit solde Débiteurs ou Créditeurs, puis porter en deux lignes sur le Journal, les Balances des intérêts, d'abord par le Débit de Divers et le Crédit de Bénéfices, puis par le Crédit de Divers et le Débit de Pertes.

EXEMPLE SUR LE PREMIER ARRÊTÉ DES COMPTES COURANTS DU GRAND-LIVRE (3ᵉ PARTIE), SOIT LE COMPTE DE LEBRETON ET Cⁱᵉ (voir Grand-Livre, f° 1).

Pour arrêter ce premier compte dont les intérêts sont réciproques, c'est-à-dire à 6 p. %, tant au Débit qu'au Crédit, il faut d'abord tirer une ligne en travers des colonnes, à partir de la colonne des dates, jusqu'à la dernière nommée situation du compte, que l'on fait précéder des mots : arrêté le fév. 28; ensuite sous cette ligne, on additionne d'abord les totaux des valeurs : Débits et Crédits, soit au Débit 3,065 fr. 50 c., soit au Crédit 9,002 fr. 85 c., et ensuite, les intérêts, soit au Débit 8 fr. 39 c., soit au Crédit 27 fr. 61 c., que l'on fait précéder des mots : totaux et intérêts; après ce, on balance les capitaux, du Débit 3,065 fr. 50 c., soit du Crédit 9,002 fr. 85 c. dont la différence est de 5,937 fr. 35 c. que l'on inscrit dans le texte précédé de la lettre D et des mots : intérêts sur la différence des valeurs, ici on néglige les centimes, puis à la suite de la valeur, écrire à 6 p. %, puis le mois et la date du jour où on arrête le compte, soit le février 28, et dans la colonne des nombres, écrire le nombre de jours qu'il y a à partir du 3 janvier jusqu'au 28 février, soit 56 jours; après ce, prendre l'intérêt qui existe sur la valeur de 5,937 fr., pendant 56 jours, à 6 p. %, soit 55 fr. 40 c., que l'on écrit dans la colonne des intérêts du Débit, parce que la différence des valeurs est en faveur du Crédit, et au dessous, on tire une ligne en travers des deux colonnes : Débit et Crédit d'intérêts, et on additionne sous cette ligne, les intérêts du Débit et du Crédit, soit au Débit 63 fr. 79 et au Crédit 27 fr. 61 que l'on fait précéder dans le texte des mots : intérêts nets D et A, au dessous on écrit sous l'intérêt le plus faible, ce qui manque à la Balance, soit 36 fr. 18 c. que l'on répète à la colonne Avoir des valeurs, que l'on fait précéder de la lettre A et des mots : pour balance d'intérêt à 6 p. %. Si l'intérêt avait été à 5, on eût déduit le 6ᵉ de 36 fr. 18; et à 5 1/2, le 12ᵉ; à 4 1/2, le 1/4; à 4, le 1/3; à 3, la moitié; à 3, 1/2, la moitié et le 12ᵉ, etc. Lorsque l'intérêt est arrêté et balancé, on l'ajoute à la dernière somme des situations qui est de 5,937 fr. 35 c., soit au total 5,973 fr. 53, que l'on pose à la colonne de situation sur la ligne de l'intérêt, puis on tire une barre à l'encre en travers des colonnes et on additionne dessous les valeurs Débits et Crédits, de même que les intérêts Débit et Crédit qui doivent se balancer; on prend ensuite pour le contrôle des valeurs, la différence qu'il y a du Débit au Crédit, soit 5,973 fr. 53 c. qui doit être la même que la dernière qui se trouve dans la colonne de situation; on fait précéder ces additions des mots totaux : Débit et Crédit — solde Créditeur, puis on tire une double ligne pour arrêter le compte et le recommencer à nouveau en écrivant : mars 1er à compte nouveau 5,973 fr. 53 c., que l'on pose à la colonne avoir des valeurs et que l'on répète à la colonne de situation.

DE L'ARRÊTÉ DU SECOND COMPTE COURANT (3e PARTIE) ; DE L'INTÉRÊT IRRÉCIPROQUE (voir Grand-Livre, f° 1).

Pour arrêter et balancer le compte courant d'intérêt irréciproque de Palmier, bijoutier, du f° 1 au Grand-Livre Compte courant, il faut tirer une petite ligne sous les sommes du Débit qui doivent être calculées à 5 p. %, puis additionner au dessous les sommes des intérêts, soit 65 fr. 65 c., et prendre au dessous le 6e, soit 10 fr. 94, que l'on souligne, et sur la ligne du chiffre 10 fr. 94 c., on tire deux lignes en travers des colonnes, l'une à gauche et l'autre à droite ; sous cette ligne, on additionne les intérêts du Crédit, soit 29 fr. 76 c., et sous celle du Débit des intérêts, on soustrait la somme la plus faible de celle plus forte, pour avoir l'intérêt à 5 p. %, soit 54 fr. 71 et sur la même ligne à gauche, on additionne les valeurs, soit au Débit 12,723 fr. 05 c., au crédit 5,146 fr. 90 c. Au lieu de prendre, comme dans le compte ci-dessus dont l'intérêt est réciproque, la différence entre le Débit et le Crédit, il faut au contraire, pour la bonne règle, calculer l'intérêt de 12,723 fr. 05, pendant le temps qu'il y a du 3 janvier jusqu'au 28 février, soit 56 jours, et sur le produit de 6 p. % déduire le 6e, soit net 98 fr. 95, que l'on écrit sous le total des intérêts du Débit ; prendre également l'intérêt de la valeur du Crédit pendant le même nombre de jours à 6 p. %, soit au total, 48 fr. 05, que l'on écrit à la colonne avoir des intérêts ; après ce, on souligne les intérêts du Débit et du Crédit et on prend par deux soustractions inverses, les différences des intérêts additionnés du compte, et de ceux provenant des totaux des valeurs, soit au Débit 44 fr. 24 c., et au Crédit 18 fr. 29, dont la différence qui est de 25 fr. 95 c. qui se trouve inscrite au Crédit, appartient au Débit des valeurs; tandis que dans le premier compte ou les intérêts sont réciproques, si l'intérêt manque au Crédit, cet intérêt appartient au Crédit des valeurs; ainsi, on arrête les écritures comme il a été fait pour le compte qui précède ; sur la ligne de l'arrêté, on écrit : arrêté le 28 février ; sur la ligne des additions, on écrit : totaux et intérêts irréciproques; sur la ligne des intérêts des valeurs, on écrit : intérêts sur les valeurs D et A,

février le 28, jours 56 ; sur la ligne des totaux soustraits, on écrit : intérêt net
D et A et sur la différence du Débit au Crédit, on écrit : D, pour balance d'intérêt à 5 p. °/₀, et au dessous : totaux, Débit et Crédit et solde Débiteur ; et ainsi
de suite pour tous les autres comptes qui suivent, puis on fait la liquidation.

DU LIVRE DE LIQUIDATION (4ᵉ PARTIE); DU GRAND-LIVRE COMPTE COURANT (3ᵉ PARTIE).

Au 28 Février.

Ce livre de liquidation est divisé en quatre colonnes ; les deux premières sont
destinées aux intérêts Débits et Crédits, et les deux autres aux soldes Débiteurs
et Créditeurs. On commence le relevé du Grand-Livre à partir de la première
page en allant jusqu'à la dernière. Lorsque le relevé est fait, on tire une ligne
sous les dernières sommes posées, puis on additionne ces sommes, soit des intérêts, soit des soldes Débiteurs et Créditeurs, et après ce, on balance les deux
totaux des soldes Débiteurs et Créditeurs, dont la différence s'inscrit sous la
somme la plus faible, soit 11,485 fr. 81 c., cette différence, si les écritures du
Grand-Livre Compte courant sont justes, doit être la même que celle obtenue
entre le Débit et le Crédit des Totaux divers de la Balance Générale, moins la
différence provenant du relevé des comptes Débiteurs et Créditeurs figurant au
petit Grand-Livre secret, c'est-à-dire personnel. Dès que les Grands-Livres
sont vérifiés, on écrit sur le livre de Caisse Générale, les sommes figurant sur
le livre de Liquidations, provenant des comptes courants d'intérêts.

DU LIVRE DE CAISSE GÉNÉRALE (2ᵉ PARTIE).

Au 28 Février.

On met le livre de Liquidation à sa gauche, puis le livre de Caisse Générale
devant soi, et on écrit pour le total des intérêts du Débit : *D Divers* pour Balance
d'intérêts du Grand-Livre Compte courant et les sommes s'inscrivent dans la colonne des Totaux Divers précédées de la lettre D comme Doit, et de la lettre B
comme bénéfice, ensuite, pour le total des intérêts du Crédit : A Divers pour balance d'intérêt du Grand-Livre Compte courant, et la somme s'inscrit dans la
colonne Totaux Divers, précédée d'une lettre P, comme perte, et suivie d'une
lettre A, comme Créditeurs.

Après ce, on arrête les écritures de la Caisse par deux lignes tirées en travers du
texte et des colonnes, l'une près du texte et l'autre à une ligne de distance au dessous, ensuite, on rapporte sur le livre de Caisse Générale, les totaux bruts des effets
entrés, provenant du livre de Bordereaux d'entrées. On y ajoute les effets entrés
du livre de Caisse Générale, puis les totaux bruts des effets sortis avec ceux du
Livre de Caisse Générale, que l'on écrit dans la colonne totaux divers entre les
deux lignes qui arrêtent la Caisse, et on les fait précéder du nombre d'effets et de
la lettre E pour le Débit ou l'entrée de la valeur ; puis de la lettre S, pour le Crédit

u sortie. On rapporte de même les pertes et bénéfices des bordereaux d'entrée t de sortie, auxquels on ajoute les pertes et les bénéfices qui se trouvent sur le ivre de Caisse Générale. Ces deux totaux s'inscrivent comme note dans les leux colonnes Doit et Avoir de Caisse sous une ligne séparant les totaux des spèces entrées et sorties. Après ce, on balance la Caisse comme il a été dit à a journée du 6 janvier, de même que le portefeuille; on additionne aussi les ommes des livres de Copie d'effets d'entrées et de sorties, ainsi que les dates l'Echéances et les nᵒˢ; puis on rapporte les sommes des totaux d'Echéances et les nᵒˢ, sous les sommes des totaux des Échéances et des nᵒˢ du Copie d'effets d'en- rées. On en fait la soustraction et la différence que l'on trouve, soit des nᵒˢ, soit les valeurs, soit des échéances, donne le nombre d'effets restant en portefeuille t les valeurs qui se trouvent l'un et l'autre contrôles par la Caisse Générale ; n reconnaît aussi en même temps, le nombre d'effets restant en portefeuille lans chaque mois; ainsi que la valeur totale à tous les mois. On prend nsuite le livre des Inventaires des exercices, que l'on met à sa gauche, puis le etit Livre personnel ou secret devant soi, et le livre de Répétition personnel à lroite du Grand-Livre d'où on reprend les sommes pour les écrire à chacune les colonnes où elles doivent figurer.

DU GRAND-LIVRE COMPTE COURANT (3ᵉ PARTIE), ET RÉPÉTITION (4ᵉ PARTIE).

Au 21 Janvier.

On prend d'abord le Répertoire, pour écrire tous le noms et les folios des ages où leurs comptes figurent au Grand-Livre, on foliote ensuite tous les noms ur le livre des Inventaires, et on passe les écritures comme il a été dit aux pérations de janvier; après ce, on fait la balance des écritures secrètes.

U LIVRE DE RÉPÉTITION ET BALANCE MENSUELLE PERSONNELLE (.2ᵉ PARTIE), DU LIVRE D'INVENTAIRE (1ᵉ PARTIE).

Au 28 Février.

Pour opérer, on tire sur le petit Livre de Répétition, une ligne en travers des olonnes sous les dernières sommes posées, puis on additionne au dessous les Totaux du Débit et du Crédit; on écrit en marge de ces totaux, les mots : Divers, et au dessous : Espèces, Pertes, Bénéfices; après ce, on reprend d'abord lu Livre d'Inventaire les totaux des Espèces, que l'on écrit à la Balance sur la igne Espèces aux colonnes Doit et Avoir; puis les Pertes indiquées par P, que l'on porte à la balance sur la ligne Pertes et Bénéfices, à la colonne Doit; enfin les Bénéfices, qui sont indiqués par B, que l'on porte à la Balance sur la ligne de Pertes et Bénéfices, à la colonne Avoir. On tire ensuite une ligne sous les

dernières sommes et on additionne au dessous, les Totaux Débits et Crédits qu'
doivent, si les écritures sont justes, présenter une Balance. Cette Balance se
porte sur le Résumé des Balances Mensuelles et Générales, ainsi qu'il a été dit à
la Balance de janvier (page   ), au-dessous de celle de la Banque; après ce, on
fait la Balance partielle des écritures de la Banque, de la journée du 28 février

DE LA BALANCE PARTIELLE DE LA BANQUE (4ᵉ PARTIE).

Au 28 Février.

Pour opérer, on met le livre Journal à sa gauche, puis le livre de Balance
devant soi, et on constitue la Balance comme il a été dit. Voir pour opérer, la
Balance du 6 janvier (page 51). Après ce, on décompose cette Balance Partielle
sur le Résumé des Balances Partielles. Voir l'exemple (page 108).

DU RÉSUMÉ DES BALANCES PARTIELLES (2ᵉ PARTIE).

Au 28 Février.

Pour opérer, on met le livre de Balance Partielle à sa gauche, puis le Résumé
des Balances Partielles devant soi, et on y décompose en une seule ligne, la
Balance Partielle. Voir pour opérer : la Balance du 6 janvier (page 41). Le mois
étant terminé, on fait la Balance du mois sur le petit Livre de Balances Partielles. A cet effet, on tire une ligne sous les dernières sommes posées, puis
on additionne les sommes de toutes les colonnes ; on tire encore au dessous
une autre ligne double, puis on constitue la Balance du mois.

DU PETIT LIVRE DE BALANCES PARTIELLES (4ᵉ PARTIE), ET LA BALANCE MEN-SUELLE (1ᵉ PARTIE).

Au 28 Février.

Pour faire la Balance Mensuelle, on tire une double ligne sous la dernière
Balance du 28 février, puis on écrit superposés les uns sous les autres, les six
comptes suivants : Divers par Bordereaux, Divers par caisse, et au dessous, on tire
une ligne et on additionne les 4 sommes en deux totaux, à la gauche desquels
on écrit le mot : Divers. Au dessous on écrit celui de Marchandises, puis Effets,
ensuite, Caisse, enfin Pertes et Bénéfices, et on constitue la Balance à l'aide
des Totaux du Résumé des Balances Partielles. Lorsque la Balance est faite et
reconnue juste, on écrit en marge, les mots : Balance de Février, et on arrête
les Totaux par une double ligne pour faire remarquer au besoin, la Balance du
mois ; après ce, on décompose cette Balance de mois, sur le Résumé des Balances
Mensuelles et Générales à la suite de celle qui est personnelle.

DU RÉSUMÉ DES BALANCES MENSUELLES ET GÉNÉRALES (1ᵉ PARTIE).

Au 28 Février.

Pour décomposer les Balances Mensuelles de février on met le livre de Balance Partielle à sa gauche, puis le livre de Balance Mensuelle et Générale devant soi ; après ce, on décompose d'abord : la Balance Mensuelle de la Banque, ensuite la Balance Mensuelle des écritures secrètes, puis au dessous, comme il a été dit à la Balance de janvier, page 102, après avoir décomposé les Balances Mensuelles sur le Résumé des Balances, on tire une ligne sous les dernières sommes posées, on additionne ces Balances conjointement avec les totaux qui précèdent. Lorsque les sommes de toutes les colonnes sont additionnées, on établit au bas du Résumé, une Balance de situation de février. Voir pour opérer, la Balance de janvier, page 102. Lorsque la Balance de situation est faite et reconnue juste, on fait l'Inventaire Général. (Ces deux balances, celle de la Banque et celle des écritures secrètes, étant écrites séparément, les contrôles spéciaux sont beaucoup plus facile).

Après que la situation a été faite chaque mois au bas du Résumé de Balances Mensuelles, on prend les différences entre les Débiteurs et Créditeurs des divers de chacune des balances, que l'on écrit séparément dans les colonnes intitulées différences, que l'on remarque à droite de celle intitulée bénéfice ; ces différences sont les contrôles des grands livres comptes courants de la banque et des écritures secrètes ; elles doivent être semblables aux différences trouvées entre les Débiteurs et Créditeurs des relevés d'écritures aux livres des liquidations.

DU LIVRE DES INVENTAIRES GÉNÉRAUX (1ʳᵉ PARTIE).

Au 28 Février.

Pour faire l'Inventaire de toutes les opérations Actives et Passives des écritures Générales, soit de la Banque, soit des Ecritures secrètes, il faut d'abord écrire sur le livre des Inventaires, à la suite des dernières opérations, en lettres saillantes : INVENTAIRE GÉNÉRAL au 28 février 1866, puis au dessous, écrire aussi en caractères saillants, entre deux lignes, le mot : Actif, et au dessous, détailler tout ce qui constitue l'Actif, tels que les Divers de la Banque, les Divers des opérations secrètes, ensuite Marchandises, Effets à recevoir, Espèces, Mobilier Industriel, Loyer d'avance, etc. ; puis tirer une ligne au-dessous des sommes et les additionner, en écrivant en marge du total, les mots : Total Actif. Au-dessous des opérations Actives, on écrit au milieu du texte, en caractère saillant, le mot : Passif ; et sous ce mot Passif, on écrit tout ce qui constitue le Passif, c'est-à-dire ce que l'on doit; en met d'abord d'un seul total, les Créditeurs de la Banque et on détaille au dessous les comptes de chaque Associé et Commanditaire, puis on ajoute à chacun, les intérêts de leurs capitaux. Après ce, on tire une ligne sous les derniers chiffres posés et on additionne les sommes du Passif, en écrivant en dedans du texte, les mots : *Total Passif*. Ensuite on soustrait le total Passif de celui Actif, et la différence représente le Bénéfice net que l'on indique en dedans du texte, par les mots : Bénéfice net. Après ce, pour s'assurer de l'exactitude de l'Inventaire et du chiffre des Bénéfices, il faut en établir la preuve au bas de l'Inventaire, car la preuve de l'inventaire ici est l'âme de la comptabilité. Ses résultats sont infaillibles. Bénéfice, 13,220 fr

OBSERVATION. — Dans un Inventaire en société, le Capital social, ainsi qu'il a déjà été dit, doit être inamovible, c'est-à-dire intact dans sa valeur: s'il y a des pertes d'après un Inventaire et que les bénéfices précédents ne les couvrent pas, les Associés doivent en être débités de chacun leur part pour reconstituer le Capital social; de même, s'il y a des bénéfices et que l'on veuille se les appliquer, ou du moins une partie, on Crédite alors les associés; à cet effet, il n'y a pas d'autre moyen que de refaire un nouvel Inventaire, puis de Débiter sur cet Inventaire, au compte de l'Actif, chacun des Associés du montant de ce qu'ils redoivent au Capital pour le reconstituer. Il en est de même pour les bénéfices que l'on se partage. Il faut, dans l'inventaire que l'on refait à nouveau, Créditer les Associés au Passif pour chacun la part qu'ils s'allouent; puis la porter de l'Inventaire, directement à leur compte respectif au Grand-Livre, Débit ou Crédit; mais ne pas faire, comme cela se pratique par le vieux système, de Débiter les associés au Journal, de chacun leurs pertes ou de chacun leurs bénéfices, cela est complétement inexact et très-dangereux dans les résultats; les balances de sortie et d'entrée qui accueillent parfaitement ces inexactitudes, sont funestes aux écritures. Est-ce d'ailleurs rationnel de passer des Pertes par Profits ou des Profits par Pertes, car en Créditant les Associés, ne faut-il pas par contre, Débiter les Pertes? et *vice versa* pour les bénéfices?

DE LA PREUVE DE L'INVENTAIRE.

Au 28 Février.

L'Inventaire Général sans Preuve ou avec des Preuves de concordance comme elles se font ordinairement dans les anciens systèmes, peut dans bien des circonstances causer de sérieux préjudices, principalement dans les maisons d'association, soit par des erreurs intentionnées ou inintentionnées, soit par des omissions ou de fausses combinaisons, etc., etc. Une preuve d'Inventaire à l'aide d'écritures inverses de celles qui constituent l'Inventaire même, est de la plus haute importance, car elle est par ce moyen la preuve des preuves.

La preuve d'Inventaire de la Méthode Française remplit le but proposé; elle est simple et n'a lieu qu'à l'aide des écritures secrètes, qui sont positivement l'inverse de celles qui ont servi à la création de l'Inventaire. Ainsi donc, pour faire la Preuve d'Inventaire par la Méthode Française, il suffit de prendre sur le Résumé des Balances Mensuelles et Générales, le total des Marchandises entrées en magasin (s'il y en a bien entendu) en y comprenant celles qu'il y avait à l'Inventaire précédent, soit ici, pour ce cours : total 82,822 fr. 51 c. que l'on remarque à la colonne Doit de Marchandises sur le Résumé des Balances Mensuelles et Générales ; ajouter à cette somme, d'abord le total des Pertes, soit 8,485 fr. 54 c. que l'on remarque sur le Résumé des Balances Mensuelles et Générales à la colonne de Pertes, puis ensuite le total des Intérêts provenant des capitaux des mises sociales que l'on remarque à l'Inventaire, soit 5,528 fr. On y ajoute aussi, lorsqu'il y en a, les primes accordées aux intéressés, aux commanditaires, etc., et, enfin toutes les Pertes qui ne se règlent qu'à l'Inventaire ; après ce, on prend aussi sur le Résumé des Balances Mensuelles et Générales, à la colonne Avoir de Marchandises, le total des ventes s'il y en a, soit ici 87,418 fr. 43 c. ; ajouter à cette somme d'abord le total des Marchandises estimées restant en magasin, soit 12,887 fr. 68 c. que l'on remarque à l'Inventaire ; et ensuite le total des Bénéfices, soit, 9,749 fr. 94 c. que l'on trouve sur le Résumé des Balances Mensuelles et Générales, à la colonne Avoir des Bénéfices. Après cette récapitulation, tirer une ligne sous les dernières sommes posées : Débit et Crédit, puis y additionner les sommes de l'un et de l'autre ; après ce, en prendre la différence que l'on écrit sous le total le plus faible comme Balance ; cette différence, si les écritures sont justes, doit être la même que celle obtenue comme Bénéfices, par la Différence qu'il y a entre le total de l'Actif et celui du Passif soit, 13,220 fr. 00 c. Après que l'Inventaire est dressé et contrôlé par cette preuve infaillible, on porte ces écritures, c'est-à-dire celles qui constituent le commerce, sur le Résumé des Balances Mensuelles et Générales, dans chacune des colonnes auxquelles elles appartiennent ; ensuite, on établit au bas du Résumé, comme il a été dit et fait au premier Inventaire, une Balance de Situation d'Inventaire, avec le Capital net. Voir Résumé des Balances, page 102.

OBSERVATIONS DIVERSES.

1° Sur le Journal Général de la méthode, à la page 87, 1ᵉʳ f°, on remarque que toutes les lignes sont à la même distance, telles que le veut la loi; mais aux pages 87 et 89, 2° et 3ᵉ folios, il s'y trouve des interlignes qui ne doivent pas exister, c'est une faute typographique qui a échappé; je la signale ici pour que dans l'exercice des opérations on n'en tienne pas compte. Le journal doit être tenu jour par jour sans interligne.

2° Lorsqu'au second Inventaire que l'on dresse il se trouve des bénéfices, on doit, à l'Inventaire suivant, les rapporter au compte du Passif, précédés des mots : *Bénéfice, Capital.*

Dans le cas où une partie du bénéfice de l'inventaire serait partagé entre les associés, la partie partagée serait portée avec les intérêts au Passif de l'Inventaire au nom de chaque associé; on porterait de même au Passif, précédé des mots : Bénéfice-Capital, la partie restante des bénéfices, plus les intérêts. Après que l'inventaire est dressé, que le Passif est déduit de l'Actif, on reporte de l'inventaire directement, les bénéfices partagés au petit grand-livre personnel, au compte de levée et intérêt de chaque associé. Ces sommes doivent aussi figurer dans le chiffre des créditeurs de l'actif et être reportées au Résumé des Balances mensuelles et générales ; il en est de même lorsqu'il y a des pertes; on les porte à l'Inventaire suivant, au compte de l'actif, c'est-à-dire par le Débit de chaque associé pour de là être reportés de l'Inventaire directement, sur le grand-livre personnel au compte de levée et intérêt de chacun : ces comptes sont permanents.

EXPOSÉ DES GRANDS-LIVRES.

Le Grand-Livre ou les Grands-Livres du commerce et de la Banque sont ceux de tous les registres qui doivent être tenus avec la plus stricte exactitude, attendu que les erreurs qui peuvent s'y commettre sont très-difficiles à retrouver, et elles coûtent beaucoup de temps et d'ennuis dans leurs recherches ; malgré le pointage rigoureux, on passe souvent sur les erreurs et on est obligé ensuite de recommencer le travail. Quelle pénible tâche! Aujourd'hui, par le principe mathématique de la méthode française, toute erreur est impossible. Les fautes au Grand-Livre sont tellement effrayantes dans la difficulté des recherches quelle que soit la méthode que j'ai, à force de méditations, découvert un moyen sûr et d'une heureuse simplicité pour passer les écritures au Grand-Livre et en avoir instantanément la preuve.

Ce moyen, quoique simple, demande encore à un comptable, à cause de la routine quelques jours d'étude pour être bien compris; et lorsqu'il est suivi ponctuellement, les erreurs sont non-seulement impossible, mais encore par la rapidité avec laquelle les écritures se passent, il y a un avantage sur les autres systèmes, de 25 p.°/°.

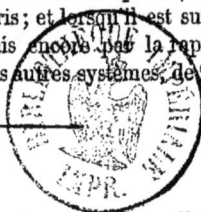

OUVRAGES DU MÊME AUTEUR

On accorde pour les fournitures de 12 exemplaires, des Méthodes ou Exercices, une forte remise et un treizième exemplaire gratis.

Paris.— Imprimerie de E. DONNAUD, rue Cassette, 9.

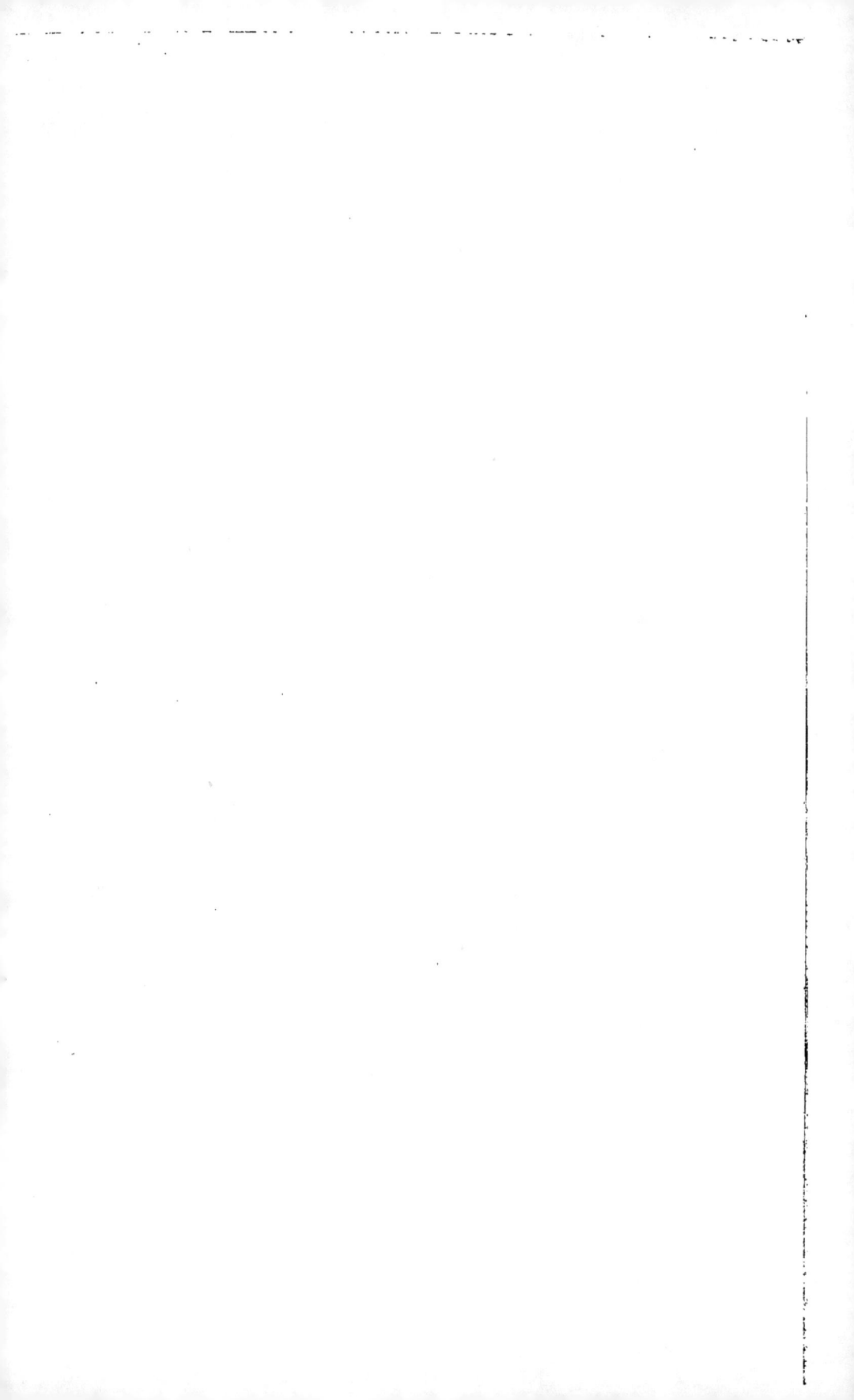

www.ingramcontent.com/pod-product-compliance
Lightning Source LLC
Chambersburg PA
CBHW050627210326
41521CB00008B/1415